Wenli Sun
Mohamad Hesam Shahrajabian
Mehdi Khoshkharam

Fitoterapia e aplicações clínicas da alfarroba e do favo de mel

Wenli Sun
Mohamad Hesam Shahrajabian
Mehdi Khoshkharam

Fitoterapia e aplicações clínicas da alfarroba e do favo de mel

ScienciaScripts

Imprint

Cover image: www.ingimage.com

This book is a translation from the original published under ISBN 978-620-5-49763-0.

Publisher:
Sciencia Scripts
is a trademark of
Dodo Books Indian Ocean Ltd. and OmniScriptum S.R.L publishing group

120 High Road, East Finchley, London, N2 9ED, United Kingdom
Str. Armeneasca 28/1, office 1, Chisinau MD-2012, Republic of Moldova, Europe
Printed at: see last page
ISBN: 978-620-7-63480-4

SOBRE OS AUTORES

Wenli Sun

Laboratório Nacional de Microbiologia Agrícola, Instituto de Investigação em Biotecnologia, Academia Chinesa de Ciências Agrícolas, Pequim 100086, China

É professora associada e chefe de equipa e trabalha em temas relacionados com a medicina tradicional chinesa, a influência alelopática e a agricultura sustentável. Trabalha também em temas relacionados com a biotecnologia e a ciência molecular. A sua investigação atual incide sobre a história do coronavírus humano e a influência da medicina tradicional chinesa na prevenção e no tratamento do coronavírus humano. O seu perfil completo está disponível em http://orcide.org/0000-0002-1705-2996.

Correio eletrónico correspondente: sunwenli@caas.cn

Mohamad Hesam Shahrajabian
Laboratório Nacional de Microbiologia Agrícola, Instituto de Investigação em Biotecnologia, Academia Chinesa de Ciências Agrícolas, Pequim 100086, China

É investigador sénior de Agronomia e Biotecnologia. Interessa-se por culturas e ervas relacionadas com a medicina tradicional, especialmente as culturas da medicina tradicional chinesa e iraniana relacionadas com a agricultura biológica e a agricultura sustentável. A sua investigação atual é a influência das ervas medicinais e dos frutos nos coronavírus humanos. O seu perfil completo está disponível em http://orcide.org/0000-0002-8638-1312. **Correio eletrónico correspondente:** hesamshahrajabian@gmail.com

Mehdi Khoshkharam

Instituto de Investigação em Ciências Ambientais, Universidade Shahid Beheshti, Teerão, Irão

É investigador sénior de Agronomia e Biotecnologia e estudante de doutoramento na Universidade Shahid Beheshti, Teerão, Irão. Interessa-se pela modelação de culturas e pelo estudo da nutrição vegetal e do stress ambiental nas culturas, plantas hortícolas e ciências medicinais tradicionais.

Correio eletrónico correspondente: mehdi.khoshkharam@gmail.com

Introdução

A alfarroba (*Ceratonia siliqua* L.) tem sido amplamente cultivada em diferentes partes do mundo, particularmente na região mediterrânica, e a árvore pertence à família Leguminosae. Vários estudos indicaram que a alfarroba e os seus produtos podem melhorar a saúde humana e ajudar a prevenir diferentes doenças crónicas específicas. A alfarroba pode ser considerada um alimento funcional devido ao seu elevado teor de fibras alimentares, baixo teor de gordura e elevado teor de minerais. O seu fruto é uma vagem com 10%-20% de sementes, e as vagens são constituídas por açúcares (glucose, sacarose, maltose e frutose), proteínas, fibras brutas (hemicelulose e celulose), minerais (potássio, cálcio, sódio, magnésio, ferro, zinco, cobre), vitaminas, polifenóis (proantocianidenos e taninos condensados), vitaminas (C, D, E, ácido fólico, B6 e niacina) e lípidos. Em muitos países do Médio Oriente, a alfarroba é utilizada principalmente para preparar uma bebida tradicional e alguns tipos de produtos de confeitaria. Os pós podem ser utilizados para preparar concentrado de sumo de alfarroba. O *Nidus Vespae* (favo de mel), que é um conhecido medicamento tradicional chinês, é o favo de mel de *Polistes japonicus* Saussure, *Polistes olivaceus* (De Geer), ou *Parapolybia varia* Fabricius, e é normalmente colhido no inverno e no outono (Zhu et al., 2015). *O Nidus Vespae* é a residência de todas as espécies de abelhas (*Apis cerana*, *Apis Mellifera*, etc.), o local de reserva de pólen e mel, uma vez que os resíduos da indústria de produtos apícolas têm uma procura crescente de utilização de elevado valor (Cavallin et al., 2013; Shunmugesh et al., 2023; Shahrajabian e Sun, 2023a,b,c,d). Durante o processamento e a produção de produtos apícolas, o mel, o pólen, o própolis e a geleia real são classificados como mercadorias, enquanto o favo de mel é descartado como subproduto, e a quantidade abandonada tem aumentado ano após ano devido à crescente procura de produtos apícolas (Dalir e Javadian, 2021; Shahrajabian e Sun, 2023e,f,g,h,i). Funcionalmente, foi relatado que *Nidus vespae* exerce impactos farmacológicos, como efeitos antimicrobianos, anti-inflamatórios, antivirais e antitumorais (Zhu et al., 2021; Cui et al., 2023; Sun e Shahrajabian, 2023; Sun et al., 2023). Nesta mini-revisão, tentamos mostrar a importância do tratamento tradicional e discutimos as propriedades farmacológicas do *Nidus Vespae.*

A alfarroba e as ciências medicinais tradicionais

A ciência medicinal tradicional é um medicamento que é recolhido, preparado e formulado sob a orientação da teoria da medicina tradicional chinesa, e são principalmente botânicos, tais como plantas naturais e produtos transformados. As plantas medicinais são cada vez mais utilizadas para tratar diferentes doenças e afecções humanas em diferentes regiões, porque são mais seguras e eficazes do que os medicamentos sintéticos. A alfarrobeira (*Ceratonia siliqua* L.) é uma árvore de grande porte (5-15m), perene, poligâmico-trióica, de grande longevidade e crescimento lento. A alfarrobeira pode ser feminina, masculina e hermafrodita ou apresentar inflorescências poligâmicas, o que indica uma grande plasticidade nas características das flores e das inflorescências. As suas vagens contêm uma polpa altamente rica em açúcares, como a frutose, a glucose e a sacarose, e sementes. O fruto da alfarrobeira é a vagem de alfarroba. As vagens da alfarrobeira são consumidas pelas pessoas, especialmente nas regiões mediterrânicas, e dadas como alimento ao gado. As vagens de alfarroba têm sido utilizadas com sucesso como alimento para cavalos, bois e vitelos. Do ponto de vista da aplicação, podem encontrar-se duas partes na vagem: a alfarroba ou a ração e a goma de alfarroba ou sementes, e um galactomanano altamente valorizado nas indústrias têxtil, alimentar e cosmética. Diferentes espécies de alfarroba têm um elevado valor nutricional, um sabor suave, vários benefícios para a saúde e características anti-nutricionais reduzidas (Canatar et al., 2023; Eraslan et al., 2023). As sementes de farinhas de alfarroba podem aumentar a tenacidade da massa enquanto diminuem a extensibilidade do pão de trigo, e as farinhas de sementes de alfarroba melhoram a absorção de água até cerca de 40%. Existem variantes cultivadas e selvagens de alfarroba, e os tipos cultivados têm concentrações de açúcar total significativamente mais elevadas do que os tipos selvagens. Como a alfarroba se divide em duas espécies, nomeadamente a alfarroba selvagem e a alfarroba cultivada, a alfarroba cultivada é utilizada principalmente para fazer produtos alimentares como xarope, enquanto a alfarroba selvagem é dada como alimento aos animais ou deitada fora; além disso, pode ser considerada uma alternativa importante ao cacau devido aos seus componentes elevados, à fibra alimentar ativa e ao aroma semelhante ao do cacau. A alfarroba é uma das plantas medicinais importantes cujas memórias estão profundamente enraizadas nas opiniões colectivas de uma cultura ou de um território. As suas sementes jovens têm características inibidoras significativas mas não promotoras, mas as sementes maduras têm ambas. As suas vagens contêm cerca de 200-500 g/kg de açúcares totais, um teor de açúcar mais elevado do que o disponível na cana ou na beterraba, que é inferior a 200 g/kg. O pó de alfarroba e a farinha de alfarroba são obtidos a partir das vagens do fruto, após a remoção das sementes. As proteínas das vagens sem sementes indicam um perfil de aminoácidos essenciais bem equilibrado que contém fibras alimentares e polifenóis com actividades antioxidantes, antidiabéticas e anti-inflamatórias. A partir de plântulas e árvores maduras, a micropropagação da alfarroba é possível utilizando o meio Murashige e Skoog com 5 μM de zeatina para a multiplicação de rebentos e 10 μM de ácido indol-butírico para a indução de raízes. As vagens de alfarroba em bruto são uma matéria-prima altamente eficaz para a produção de ácido succínico de base biológica. A alfarroba é também utilizada como matéria-prima para a produção de goma de alfarroba, que é um hidrocolóide natural, que tem sido utilizado em diferentes fins industriais devido à sua capacidade de aumentar a viscosidade a concentrações relativamente baixas. Nos últimos anos, os extractos de vagens de alfarroba têm sido utilizados em diferentes investigações à escala laboratorial para produzir proteínas celulares microbianas, mananase, ácido lático, ácido cítrico, etanol e outros produtos de valor acrescentado por fungos, algas e leveduras. O gérmen de alfarroba e a casca da semente indicaram um ingrediente fenólico mais elevado do que a vagem, sendo que a vagem continha maioritariamente galotaninos e ácido gálico, e o gérmen e a casca da semente apresentavam como polifenóis mais abundantes os derivados da apigenina e da quercetina. O extrato de alfarroba pode ser utilizado para a produção de etanol, a fim de satisfazer as necessidades de energia renovável. O manuscrito é o resultado de uma análise bibliográfica exaustiva, com o objetivo de fornecer a investigação ecológica, etnomedicinal, morfológica, toxicológica e farmacológica disponível sobre a alfarroba. A nossa pesquisa bibliográfica utilizou diferentes bases de dados científicas, incluindo Science Direct, Scopus, Springer, Web of Science, PubMed e o motor de busca do Google Scholar. A bibliografia compilada inclui diferentes referências, desde revisões e artigos originais, capítulos de livros, livros e outras fontes, abrangendo publicações de 1970 a julho de 2023. Excluímos as teses não publicadas e as comunicações em conferências. As estruturas químicas foram cruzadas utilizando a base de dados de química aberta Pubchem. A literatura foi analisada utilizando as seguintes palavras-chave, tais como *Ceratonia siliqua* L., atividade antioxidante, alfarroba, atividade antibacteriana, produtos naturais, atividade anticancerígena, atividade antitumoral, atividade antimicrobiana, atividade antibacteriana, medicina tradicional chinesa, benefícios farmacêuticos, actividades anti-inflamatórias após a pesquisa nas bases de dados electrónicas. Em seguida, os autores examinaram os artigos' títulos e resumos para verificar a relevância dos dados. Os estudos duplicados e aqueles que não se enquadram no âmbito da pesquisa foram excluídos. O objetivo deste artigo de revisão é fazer um levantamento dos compostos químicos e dos benefícios farmacêuticos da alfarroba, especialmente tendo em conta as ciências medicinais tradicionais. O nome comum tem origem no hebraico *kharuv,* do qual deriva *kharoub* (em árabe), e pode incluir *algarrobo* (em espanhol), *keration* (em grego), *carob* (em inglês), e *keciboynuzu* ou *harnup* (em turco), que é cultivada há mais de 4000 anos. É uma árvore nativa da bacia mediterrânica, que se encontra em Itália, Espanha, Grécia, Portugal, Chipre, Turquia, bem como no Arizona, Califórnia, Chile, México, Austrália, Índia, Argentina e África do Sul, e os seus aminoácidos, polifenóis, minerais e vitaminas têm impactos positivos na saúde. A alfarrobeira é uma árvore perene, resistente à seca, que produz durante um longo período (100 a 150 anos), e apresenta uma copa muito espalhada e arredondada com um tronco pesado, grosso, rachado e retorcido, semelhante a uma oliveira. A base do tronco pode atingir 2-3 metros de circunferência. A espécie lenhosa tem uma casca cinzenta e lisa quando jovem que se torna castanha e áspera à medida que amadurece. A sua madeira é branca-amarelada nos primeiros tempos, tornando-se rosada, depois vermelha escura e dura com a idade. A árvore pode desenvolver um sistema radicular pivotante que pode atingir uma profundidade de 18 metros. As suas folhas são bastante grandes, perenes e paripinadas, compostas por 4 a 8 folíolos, raramente mais. Os folíolos são inteiros, ovais, verde-escuros, coriáceos e lisos por cima e mais pálidos por baixo. A árvore tem um crescimento vegetativo cíclico com dois fluxos que ocorrem geralmente no outono e na primavera, sendo o último normalmente mais fraco ou, por vezes, totalmente ausente. É uma árvore dióica, com uma morfologia hermafrodita, e as flores são inicialmente bissexuais, mas a remoção posterior dos órgãos torna-as funcionalmente unissexuais. A flor é constituída por um pistilo (6-8,5 mm) e um estame rudimentar envolvido por cinco sépalas peludas, com um ovário curvo composto por dois carpelos (5-7 mm de comprimento) e diferentes óvulos. O estigma é constituído por dois lóbulos e a flor masculina inclui um disco nectarífero com cinco delicados estames filamentosos rodeados por sépalas peludas. Os frutos manifestam-se como uma vagem não deiscente, comprimida, delgada, curva ou reta. Tem 10-30 cm de comprimento, 1,5-3,5 cm de largura, com um ápice subagudo ou rombudo, com cerca de 1 cm de espessura. As vagens adquirem uma cor castanha quando amadurecem, apresentando uma superfície enrugada e coriácea. As sementes estão dispostas lateralmente nas vagens, separadas pelo mesocarpo, e existem várias sementes (4-15 sementes), geralmente uniformes, lisas, castanhas, brilhantes e oval-oblongas (7-8 mm de largura, 8-10 cm de comprimento e 3-5 mm de espessura). A alfarroba é utilizada em diferentes países árabes para fazer uma bebida popular que é usada principalmente no mês do Ramadão, e também é utilizada na preparação de tipos tradicionais especiais de confeitaria árabe. São amplamente utilizadas na produção de sumo cozido pekmez e na indústria de bebidas em pó. A farinha de alfarroba é um importante remédio para a diarreia nas ciências medicinais tradicionais, rica em fibras e amido, e leva a reduzir a produção de fezes e a duração da diarreia em comparação com a solução regular de reidratação oral, uma vez que melhora a absorção de sódio e água através do cotransportador sódio-glicose. A planta medicinal à base de plantas também contém minerais, gorduras e proteínas que proporcionam uma nutrição mais equilibrada durante a doença diarreica. As proteínas presentes na farinha de alfarroba utilizam cotransportadores separados de glucose-aminoácidos que melhoram ainda mais a absorção da glucose. Ao aumentar a consistência das fezes, os alimentos podem aumentar a aceitação do nintedanib, evitando a interrupção do tratamento. A vagem sem sementes pode ser moída em farinha e utilizada como substituto do cacau ou do chocolate. Nas ciências medicinais tradicionais, as folhas e a casca têm sido consideradas eficazes na medicina popular como tratamento antidiarreico e eficaz contra a gastroenterite em bebés, uma vez que a polpa é rica em açúcar e as sementes são utilizadas para extrair galactomanano.

Componentes químicos do favo de mel e sua aplicação na medicina tradicional chinesa (MTC)

O seu componente químico é completamente complexo, combinando pólen, geleia real, mel e própolis e, consequentemente, possui um grande número de constituintes bioactivos, tais como compostos nitrados, polifenóis e flavonóides. Zhao et al. (2020) identificaram 76 constituintes bioactivos a partir de extractos hidroetanólicos de favo de mel por cromatografia líquida de alta resolução e espetrometria de massa de alta resolução (UHPLC-HRMS), onde foram identificados principalmente 14 polifenóis e 17 ácidos gordos livres. A MTC tem sido praticada na China e noutras partes do mundo, em especial na Ásia, há mais de 3000 anos e está a tornar-se rapidamente popular em todo o mundo (Marmitt e Shahrajabian, 2021; Shahrajabian et al., 2020; Shahrajabian, 2021; Shahrajabian et al., 2021; Shahrajabian et al., 2022a,b ;Sun et al., 2021a,b; Sun et al., 2022). O favo de mel tem sido amplamente utilizado na medicina tradicional chinesa devido às suas propriedades antimicrobianas, anti-inflamatórias, antitumorais, antivírus e anestésicas (Xiao et al., 2007; Kim et al., 2020). Também é aceite como um tratamento adequado para dores de dentes através da escovagem dos dentes (Xiao et al., 2006; Shahrajabian e Sun, 2023). Foi também referido que se trata de um tipo de medicina tradicional chinesa que demonstrou inibir o crescimento e a produção de ácido de bactérias cariogénicas orais, e a extração química clorofórmio/metanol (Chl/MeOH) foi o inibidor mais eficaz do crescimento e da acidogenicidade de *Streptococcus mutans* (Guan et al., 2012). Foi relatado que *o Nidus Vespae* tem sido aplicado na MTC para tratar diferentes tipos de doenças, como artrite reumatoide, tumores malignos, doenças pulmonares e dentárias, distúrbios urinários, doenças de pele e distúrbios digestivos (Li et al., 2005; Wang et al., 2014). Foi registada por *Shen Nong' s Herbal Classic e Compendium of Materia Medica* como uma medicina tradicional chinesa, que tem vários efeitos terapêuticos, tais como dor de dentes, cáries dentárias e antimicrobianos (Zhao et al., 2020).

Componentes químicos e princípios activos da alfarroba

As sementes de alfarroba são muito duras e incluem o endosperma (42-46%), o revestimento (30-33%), rico em antioxidantes, e o gérmen (23-25%). O endosperma das sementes é uma fonte de goma de alfarroba e o tratamento das sementes é basicamente efectuado para produzir o endosperma correspondente, quer através de tratamentos termomecânicos quer químicos. As sementes, cobertas por um revestimento apertado, contêm um endosperma translúcido e branco que é utilizado na indústria alimentar e não alimentar. A quantidade e a qualidade da alfarroba são influenciadas por uma série de parâmetros, como a qualidade da água, o microclima local, a altitude, o teor de solo e a insolação, e as cultivares são caracterizadas com base na descrição dos frutos, na variabilidade genética, no desempenho agronómico e na composição química. As farinhas de alfarroba que contêm sementes apresentam valores mais elevados de resistência do bolo e de índice de coesão, e as farinhas sem sementes apresentam um teor mais elevado de polissacáridos solúveis e de açúcares totais. A polpa de alfarroba é um subproduto da alfarroba que contém um elevado teor de constituintes antioxidantes como os taninos condensados, embora uma inclusão alimentar elevada possa influenciar negativamente a digestibilidade, a palatabilidade e o desempenho. A polpa de alfarroba tem vários componentes bioactivos como ciclitóis, açúcares, aminoácidos, polifenóis, minerais e fibras, enquanto os componentes das sementes de alfarroba incluem proteínas, goma e polifenóis. Nas vagens de alfarroba, as principais subcategorias de polifenóis são os ácidos fenólicos (ácido ferúlico, ácido sinápico e ácido gálico), os flavonóides (flavanóis: epicatequina, catequina; flavonóis: quercetina, miricetina; flavonas: apigenina) e os taninos (ácido tânico, trigaloil-glicose, digaloil-glicose) e os polifenóis como antioxidantes naturais. A polpa do fruto da alfarroba, que é conhecida como resíduo agroalimentar, tem sido utilizada particularmente na dieta de ruminantes como fonte de taninos condensados (Silanikove et al., 2006). Os taninos condensados da alfarroba são basicamente prodelfinidinas (96,7% prodelfinidinas/3,3% procianidinas) com um número notável de grupos galoil (41,1%). Num estudo, os taninos extraídos de vagens de alfarroba maduras e depois sujeitos a degradação por ácido tioglicólico e hidrólise ácida forte e suave, sendo que a hidrólise ácida suave não degradou os taninos e a hidrólise ácida forte induziu a produção de cianidina, delfinidina e pelargonidina. Os polifenóis mais notáveis da farinha de gérmen de sementes de alfarroba são os 6,8-C-di-glicosídeos de apigenina, particularmente o schaftoside, e podem inibir a α-amilase e as α-glicosidases do intestino delgado. A polpa contém uma camada exterior coriácea (pericarpo) e uma região interior mais macia (mesocarpo) onde se observam as sementes; enquanto que as sementes são compostas por três camadas: embrião, endosperma e casca. As sementes são duras, castanhas, com 10 mm de comprimento e um peso de cerca de 0,2 g por semente. A polpa da alfarroba tem um teor de açúcar notável entre 30 e 60%; os principais açúcares são a frutose, a sacarose e a glucose, e contém também um elevado teor de fibras, baixos níveis de gordura e quantidades apreciáveis de proteínas. Além disso, a presença de biomoléculas como flavonóides, compostos fenólicos, antocianinas e taninos nas vagens de alfarroba pode ter impactos benéficos na saúde animal e humana. Os seus componentes químicos mais importantes são o açúcar total sob a forma de glucose (43,3%), a proteína bruta (4,6%), a gordura bruta (0,7%), a pectina (1,43%), a fibra (7,2%) e as cinzas (1,95%). Sete ácidos alifáticos foram encontrados num nível muito elevado (77,5%) do isolado, sendo os principais contribuintes o ácido metilpropanóico (45,0%) e o ácido hexanóico (19,0%). Os principais valores morfológicos descritivos das vagens da alfarroba tunisina foram o comprimento (168,9 mm), o peso (16,39g), a espessura lateral (8,3mm), a largura (20,5mm), a espessura central (5,8mm), o número de grãos abortados (1,38), o número de grãos viáveis (12,26), o comprimento do grão (9,1mm), o peso do grão (0,2g) e o rendimento do grão (17,2%). Os componentes químicos dos frutos de alfarroba são humidade (6,3-7,6%), poriten (1,7-5,9%), cinzas (2,3-3,2%), gordura (0,2-44%), fibra alimentar total (11,7-47%), amido (0,1%), hidratos de carbono totais (42-86%), frutose (2-7,4%), flucose (3-7,3%), sacarose (15-34%) e D-Pinitol (5,5%). O peso da semente e o rendimento estão correlacionados positiva e negativamente com a espessura da vagem, a largura da vagem e o peso da polpa, e o peso da semente está correlacionado positivamente com a latitude. Os parâmetros nutricionais provenientes da polpa de alfarroba ou produzidos durante as numerosas etapas da transformação do produto de alfarroba são (1) Hidratos de carbono, que se dividem em hidratos de carbono simples (monossacáridos e dissacáridos), hidratos de carbono complexos (açúcares complexos como os oligossacáridos, (2) Gorduras, como os ácidos gordos, que se dividem em saturados e insaturados, (3) Vitaminas, (4) Proteínas, aminoácidos, que se dividem em essenciais e não essenciais, (5) Minerais, que se dividem em essenciais e não essenciais. A fibra de alfarroba é geralmente considerada como uma combinação de substâncias quimicamente heterogéneas e funções fisiológicas como fibras alimentares insolúveis, em vez de grupos químicos, e as matrizes macromoleculares (fibra de alfarroba) podem ser ligadas a polifenóis, o que faz com que os polifenóis cheguem ao cólon, onde podem reagir no trato gastrointestinal e manter a saúde intestinal. Os compostos fenólicos e a fibra de alfarroba podem estar associados por ligações de hidrogénio (entre os átomos de oxigénio das ligações glicosídicas dos polissacarídeos e o grupo hidroxilo dos polipenóis), interacções hidrofóbicas e ligações covalentes como os polissacarídeos e ligações de éster entre ácidos fenólicos. A goma de alfarroba é um polissacárido galactomanano obtido a partir da alfarroba por extração das sementes com soluções alcalinas aquosas e água, e o teor de galactomanano nas sementes pode atingir 85% [104]. Os principais componentes fenólicos dos produtos de alfarroba são apresentados no Quadro 1. Os principais componentes da semente e da polpa de alfarroba são apresentados no quadro 2. As principais partes do fruto da alfarroba são apresentadas no quadro 3.

Quadro 1. Principais compostos fenólicos encontrados nos produtos de alfarroba.

Componentes químicos			**Estrutura química**
Ácidos fenólicos	Derivados do ácido benzoico	Ácido gálico ($C_7H_6O_5$)	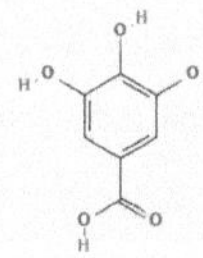
		Ácido vanílico ($C_8H_8O_4$)	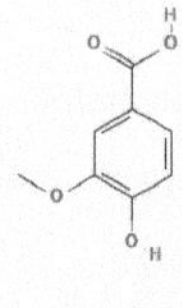
		Ácido gentísico ($C_7H_6O_4$)	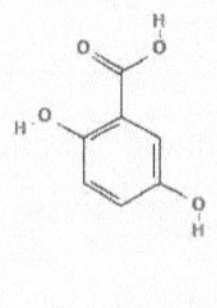

		Ácido siríngico ($C_9H_{10}O_5$)	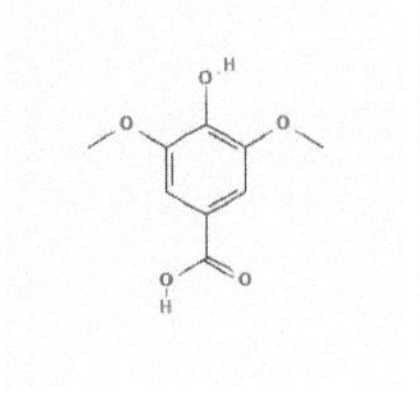
	Ácido cinâmico e derivados hidroxilados	Ácido cinâmico ($C_9H_8O_2$)	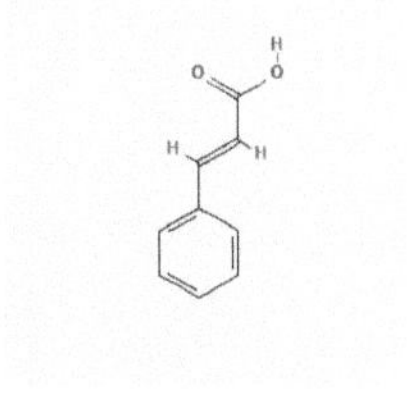
		o/m/p-Ácido cumárico ($C_9H_8O_3$)	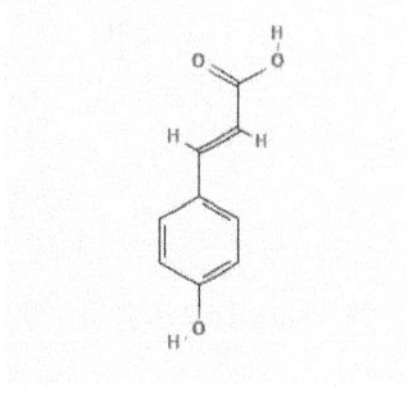
		Ácido cafeico ($C_9H_8O_4$)	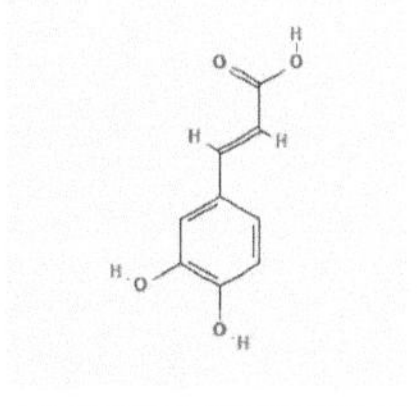
		Ácido ferúlico ($C_{10}H_{10}O_4$)	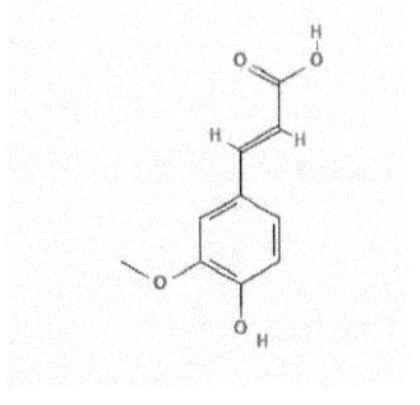
Flavonóides	Derivados de flavan-3-óis	Catequina ($C_{15}H_{14}O_6$)	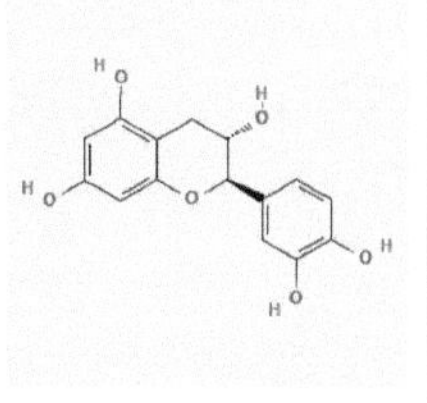

		Galato de epigalocatequina ($C_{22}H_{18}O_{11}$)	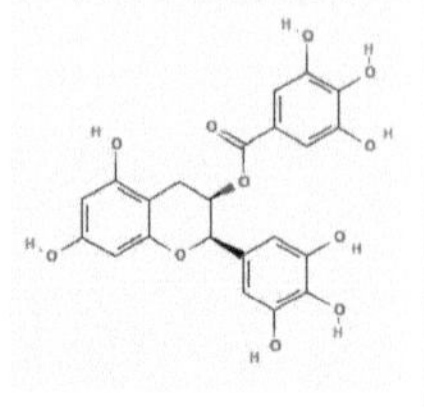
	Flavona	Luteolina ($C_{15}H_{10}O_6$)	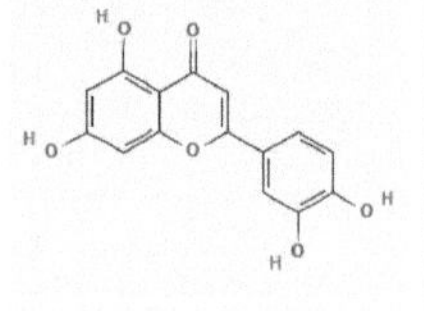
	Derivados de flavonol-glicosídeos	*Myricetin-3-O-hexoside* R =hexose₁ ($C_{21}H_{20}O_{13}$)	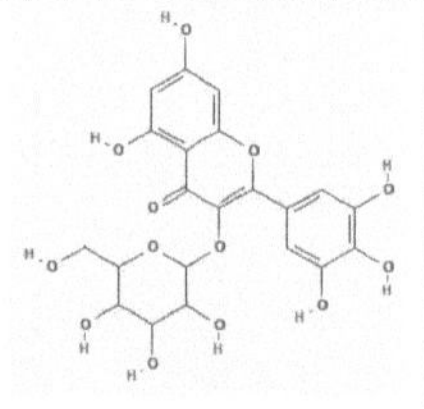
		Quercetina-3-O-hexósido R =hexose 2 ($C_{21}H_{20}O_{12}$)	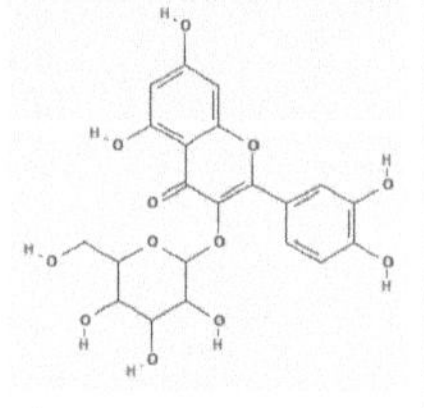

Tabela 2. Os principais componentes químicos da semente e da polpa de alfarroba com propriedades nutricionais e de promoção da saúde.

Frutos		
Pasta de papel	Açúcar	
	Ciclitóis	
	Fibra	
	Polifenóis	Ácidos fenólicos
		Flavonóides
		Taninos

	Aminoácidos	
	Minerais	
Semente	Goma	
	Polifenóis	
	Proteína	

Tabela 3. As principais partes do fruto do carvão (Zhu et al., 2019).

Pasta de papel	**Sementes**
Açúcares (48-56%)	Casaco (30-33%)
Fibra de alfarroba (18%) (hemicelulose e celulose)	Endosperma (42-46%) (goma de alfarroba, goma de alfarroba)
Taninos condensados (16-20%)	Embrião (23-25%)

Propriedades medicinais do favo de mel

A importância da atividade anti-glucosiltransferases (GTFs) e da formação de biofilme indicada pelo *Nidus Vespae* indica o seu significado como um produto natural promissor para o tratamento e a prevenção da cárie dentária (Xiao et al., 2007; Silva et al., 2010; Chauhan e Aggarwal, 2016; Shahrajabian et al., 2023). As películas porosas microestruturadas tipo favo de mel La_2O_3 foram significativamente depositados usando a metodologia de pirólise por pulverização em uma etapa, e a formação de h-La_2O_3 é aprovada pelos estudos de difração de raios X, espetroscopia de transformada de Fourier e espetroscopia de fotoelectrões de raios X (Yadav et al., 2016). As medições TEM indicaram que as nanoestruturas de sulfureto de cádmio (CdS) estão incorporadas no hidróxido de cádmio, tal como o pudim de polpa, e a análise persistente da fotocondutividade das amostras também é realizada, e as constantes de decaimento descobriram ser aumentadas com o aumento da dopagem de estanho (Sn) (Wilson e Ahamed, 2016). Os benefícios farmacológicos do favo de mel são apresentados na Tabela 4.

Quadro 4- Alguns dos benefícios farmacológicos mais importantes do favo de mel (*Nidus Vespae*).

Benefícios farmacêuticos	**Propriedades**	**Referência**
Atividade antibacteriana	A atividade microbiana e o processamento pelas abelhas foram os principais contribuintes para a caraterística antibacteriana identificada.	Podriznik e Bozic (2015)
	Os extractos de *Nidus vespae* construídos por *V. v. nigrithorax* exerceram atividade antibacteriana contra seis bactérias patogénicas de origem	Kim et al. (2020)

	alimentar.	
Atividade anticariogénica	*A fração química e o extrato de *Nidus vespae* mostraram uma capacidade significativa para inibir a produção de ácido de bactérias orais comuns a concentrações inibitórias mínimas inferiores (MIC). *Níveis sub-MIC da fração de éter de petróleo/acetato de etilo inibiram significativamente a produção de ácido por *Streptococcus mutans* ATCC 25175.	Xiao et al (2006)
Atividade anticancerígena	Os seus extractos podem matar células leucémicas e células mononucleares da medula óssea.	Susan e Smolinske (2005) Xin et al. (2005)
	Uma proteína denominada NVP(1) extraída de *Nidus vespae*, pode inibir a proliferação de HepG2 através da via de sinalização da quinase regulada por sinal extracelular (ERK), que pode ser considerada como um medicamento potencial para o cancro do fígado.	Wang et al. (2008)
	A decocção de *Nidus Vespae* (NVD) parece ter um impacto imunitário nas células	Zhu et al. (2015)

	imunitárias e influências significativas no tratamento de tumores. A NVD não tem qualquer impacto inibidor significativo no crescimento das células do cancro gástrico e pode estimular claramente a proliferação de células mononucleares do sangue periférico (PBMC) de uma forma dependente do tempo e da concentração.	
Atividade antimicrobiana	O teste das propriedades antimicrobianas verificou que os extractos hidroetanólicos de favo de mel (EHB) podem suprimir as bactérias G+ e G . -	Paul et al. (1994) Zhao et al. (2020)
Atividade anti-obesidade	A sua aplicação em ratinhos obesos induzidos por uma dieta rica em gorduras (DHL) reduziu notavelmente a massa e o componente lipídico plasmático do tecido adiposo.	Lee et al. (2022)
	Pode mostrar impactos terapêuticos contra a obesidade, suprimindo a expansão do tecido adiposo e a diferenciação dos pré-adipócitos, fornecendo assim informações críticas para o desenvolvimento de novos medicamentos para o	Lee et al. (2022)

	tratamento e prevenção de doenças.	
Atividade antioxidante	Apresenta uma atividade antioxidante.	Park et al. (2009) Mulugeta e Belay (2022)
Cáries dentárias	O Kaempferol e a quercetina com extração Chl/MeOH indicam uma atividade biológica notável que exerce uma função promissora do *Nidus Vespae* como potencial fator preventivo e terapêutico na cárie dentária.	Guan et al. (2012)

Propriedades medicinais da alfarroba

Atividade anticancerígena

Com base na análise do conteúdo fenólico, os polifenóis das suas folhas são enriquecidos com ácido m-cumárico e ácido gálico, e mostram um impacto citotóxico dependente da dose através da indução da via da apoptose através da ativação da caspase-9 e da clivagem PARP nas células CT-26 e HCT-116, e também pode levar à paragem do ciclo celular na fase G1 através da ativação do p53, e a infusão de folhas de alfarroba diminuiu o crescimento do tumor CT-26 em ratos BALB/c, o que mostra a capacidade dos polifenóis das folhas de alfarroba para a prevenção da quimioprevenção do cancro colorrectal. A alfarroba demonstrou atividade anticancerígena contra as células do cancro da mama, enquanto as células normais permanecem inalteradas, e os principais polifenóis nos extractos mais potentes foram identificados como sendo o kaempferol, a naringenina e a miricetina com características anticancerígenas, e o mecanismo de ação sugerido dos extractos eficazes de alfarroba envolve a inibição da proliferação celular e a ativação da via intrínseca da apoptose.

Atividade antiproliferativa

O perfil cromatográfico do extrato de extração de fluido supercrítico (SFE) indicou uma diversidade de componentes fenólicos, enquanto os extractos convencionais e de ultra-sons continham diferentes ácidos gálicos e, de acordo com o rastreio preliminar da atividade antiproliferativa dos extractos em células de neuroblastoma de rato N1E-115 e em linhas de células de cancro da mama HeLa cervical e MCF-7 humanas, o extrato SFE mostrou um impacto antiproliferativo significativamente mais elevado nas células tumorais estudadas, provando a sua notável potência como fonte de componentes antitumorais naturais].

Atividade antidiabética

A carne enriquecida com extrato de alfarroba como tratamento estimula a microbiota e as junções estreitas para um perfil mais saudável, e a combinação de marcadores em índices seleccionados leva à diferenciação das alterações do cólon da diabetes mellitus tipo 2 (T2DM). Uma mistura de cacau e alfarroba (CCB) aumentou a homeostase da glicose e reduziu a hipertrofia, a disfunção cardíaca e a fibrose em ratos gordos diabéticos zucker (ZDF) e, mecanicamente, a CCB contrariou o stress oxidativo em corações diabéticos, regulando negativamente as NADPH oxidases, diminuindo a geração de espécies reactivas de oxigénio e aumentando a defesa antioxidante; Além disso, pode suprimir as reacções fibróticas e inflamatórias através da inibição do fator nuclear kappa B (NFκB0, e citocinas pró-inflamatórias e pró-fibróticas, e o CCB previne significativamente a remodelação cardíaca e a disfunção encontrada em animais diabéticos, mostrando a sua potência, por si só, no tratamento adjuvante para o tratamento da diabetes tipo 2. O extrato de alfarroba reduziu o fígado gordo ao suprimir a ativação da lipogénese *de novo* devido à regulação negativa dos parâmetros de transcrição do recetor X do fígado-α/β, da proteína de ligação ao elemento regulador do esterol-1c e da proteína de ligação ao elemento de resposta aos hidratos de carbono, o que mostra a sua importância na dieta como alimento funcional e adequado para gerir e prevenir a diabetes mellitus tipo 2. O extrato de alfarroba pode produzir um modelo adequado de diabetes mellitus tipo 2 em fase inicial, e a carne enriquecida com extrato de alfarroba modula a hipertrigliceridemia e melhora a via de sinalização da insulina.

Atividade antioxidante

Foi provado que a farinha de alfarroba tem atividade antioxidante, e a farinha de alfarroba parece ser um componente funcional importante para a fortificação de massas, e o seu antioxidante fenólico pode ser útil contra os danos oxidativos de algumas biomoléculas importantes, como as proteínas, o ADN e os lípidos, que sempre foram considerados como os principais parâmetros que favorecem a ocorrência de doenças degenerativas, como as doenças inflamatórias, cancerígenas, neurodegenerativas e cardiovasculares. Dado que a alfarroba tem uma elevada atividade antioxidante, poderá ser mais amplamente aplicada nas indústrias alimentar, farmacêutica e cosmética. A caraterística antioxidante do poder da alfarroba é significativamente influenciada pelas condições de torrefação. A casca da semente de alfarroba também pode ser utilizada como aditivo antioxidante natural, uma vez que provou ter características antioxidantes e impediu a oxidação de lípidos e proteínas quando utilizada num produto alimentar. Foi referido que o mel de alfarroba tem um componente antioxidante significativo, atividade antioxidante e influência protetora contra a toxicidade hepática e renal induzida pelo tetracloreto de carbono (CCl4), mantendo a atividade do sistema de defesa antioxidante. O extrato aquoso de alfarroba apresenta actividades antioxidantes e ansiolíticas e, devido à sua atividade antioxidante positiva e anti-acetilcolinesterase, demonstrou ter uma função cognitiva no modelo da doença de Parkinson do peixe-zebra 6-hidroxidopamina . ,

Atividade anti-inflamatória

As infusões de folhas de alfarroba e de cladódios OFI diminuíram a gravidade da inflamação associada à obesidade induzida por HFD e à colite aguda induzida por dextrano sulfato de sódio (DSS), demonstrada pelo declínio da expressão de citocinas pró-inflamatórias (como TNF-α, IL1B e IL-6) no cólon, baço e tecido adiposo, e as infusões de folhas de alfarroba e de cladódios OFI impediram a permeabilidade intestinal através da restauração de proteínas de junção apertada (Zo1, ocludinas) e da homeostase imunitária, pelo que o impacto anti-inflamatório das folhas de alfarroba e dos cladódios OFI pode estar relacionado com os seus polifenóis, que podem diminuir a gravidade da inflamação associada aos polifenóis, que podem diminuir a gravidade da inflamação associada à colite e à obesidade. O extrato etanólico das folhas de alfarroba diminui o tempo de lamber a pata na fase tardia e inicial após a injeção de formalina, e causou uma inibição dependente da dose no edema da pata após a injeção de carragenina e granuloma de pellets de algodão em ratos, o que prova as suas actividades anti-inflamatórias e anti-nocicepção.

Atividade antibacteriana

O polissacárido solúvel em água da alfarroba, extraído da alfarroba, mostrou atividade antibacteriana contra *Staphylococcus aureus*, *Listeria monocytogenes* e *Salmonella enterica*, e mostrou elevada capacidade de retenção de água, boa capacidade de retenção de óleo e estabilidade de emulsificação. As nanopartículas de óxido de zinco (ZnONPs) da alfarroba apresentaram uma atividade antibacteriana significativa contra *Staphylococcus aureus* ATCC25923 (92%) e as NPs inibiram o crescimento de estirpes de leveduras patogénicas, incluindo *Candida krusei* ATCC6258, *Candida albicans* ATCC90029 e *Candida neoformans* ATCC14116. Os extractos de etanol e acetona das vagens e folhas de alfarroba mostraram atividade antibacteriana contra a bactéria Gram negativa *Pectobacterium atrosepticum*, que é o agente causal da podridão mole da batata. Noutra experiência, foram relatados efeitos antibacterianos do extrato etanólico de folhas de alfarroba contra duas bactérias gram-positivas, nomeadamente, *Enterococcus faecalis* e *Staphylococcus aureus*, e três bactérias gram-negativas, nomeadamente, *Escherichia vekanda*, *Escherichia coli* e *Pseudomonas aerugionosa* e dois fungos, nomeadamente, *Geotrichum candidum* e *Candida albicans*.

Efeitos anti-hiperlipidémicos

De acordo com muitos estudos, o aumento da expressão da sirtuína-1 aórtica e do coactivador-1α do recetor-γ ativado por proliferador de peroxissoma pode ter um papel importante nos impactos benéficos da fibra de alfarroba na dislipidemia, devido à presença de uma quantidade significativa de celulose e hemicelulose, bem como de polifenóis na fibra de alfarroba. A goma de alfarroba pode ser considerada uma fibra alimentar solúvel, que também tem a capacidade de diminuir as concentrações plasmáticas de colesterol. Além disso, a goma de alfarroba pode diminuir de forma eficaz e segura a hipercolesterolemia e os lípidos sanguíneos em crianças e adultos normais alimentados durante mais de três meses.

Outros benefícios farmacológicos da alfarroba

O extrato de alfarroba pode regular as hormonas da espermatogénese através dos seus constituintes de aminoácidos, que foram identificados no extrato por cromatografia líquida-espetrometria de massa (LC-MS), e o extrato de alfarroba pode ser uma escolha de tratamento futuro favorável para a infertilidade masculina, uma vez que demonstrou atividade anti-apoptótica e função indutora nas expressões dos genes reguladores do ciclo celular. Devido aos seus benefícios farmacológicos e ao seu sabor, a farinha de alfarroba é utilizada como alternativa ao açúcar para a produção de bolos. Devido aos seus elevados componentes químicos, importante ingrediente alimentar com um teor proteico superior a 50%, *p/p*, e ingredientes activos, pode ser utilizada como um substituto acessível às proteínas do leite ou da soja. A polpa de alfarroba na dieta conduz a respostas antioxidantes e imunitárias no trato gastrointestinal, aumenta a saúde do epitélio ruminal e não melhora os impactos negativos da estação quente. Foi referido que a polpa de alfarroba em pó pode ser útil na dieta dos frangos de carne a 7% como alimento não convencional, sem efeitos adversos nas características da carcaça e no desempenho do crescimento dos frangos de carne. Foi igualmente referido o efeito positivo da polpa de alfarroba nas características da carne e da carcaça de borregos Comisana. A farinha de alfarroba foi considerada como um adjuvante na terapia dietética da diarreia infantil aguda, tendo sido relatada a sua importância para acelerar a recuperação e a cura. Os dois principais metabolitos urinários de ratos que ingeriram alfarroba e fracções de alfarroba foram descobertos cromatograficamente como ácido *4-O-metilgálico* e ácido gálico, e estes metabolitos são possivelmente originários do ácido gálico livre nas vagens de alfarroba verde ou dos galatos ligados a ésteres na fração de tanino. Foi referido que a fibra de alfarroba tem um impacto na renovação do colesterol, reduzindo a absorção do colesterol e dos ácidos biliares. O fruto da alfarrobeira é uma opção adequada que mostra impactos significativos na melhoria do estado glicémico, do perfil lipídico e na redução das alterações cardiovasculares relacionadas com a síndrome metabólica (SM). A sua aplicação pode aumentar o nível de Se em homens inférteis. Os fenólicos da alfarroba podem afetar o metabolismo da glicose, inibindo a digestão dos hidratos de carbono. A suplementação com alfarroba em galos envelhecidos' dieta aumentou a capacidade antioxidante seminal e sanguínea, a motilidade dos espermatozóides e os índices espermatogénicos testiculares. O impacto da alfarroba na saúde metabólica pode ser resumido em reduzir a glicose em jejum e pós-prandial, diminuir os triacilgliceróis no sangue, o colesterol total, a lipoproteína de baixa densidade e diminuir o peso corporal e o peso do tecido adiposo, aumentar a gordura, os fenólicos e o D-pinitol e reduzir a gordura, reduzir os triacilgliceróis hepáticos e a esteatose, aumentar a função pancreática, reduzir a lipoproteína de baixa densidade, melhorar as enzimas antioxidantes hepáticas e diminuir as citocinas pró-inflamatórias.

Conclusão

A alfarroba (*Ceratonia siliqua* L.) pertence à família das Leguminosas, com numerosas aplicações como aditivo alimentar. As suas vagens têm sido utilizadas para fins alimentares humanos e animais nas ciências medicinais tradicionais há muitos anos. Os seus frutos e folhas têm muitos componentes químicos que têm sido utilizados para curar diferentes doenças. A alfarroba é uma árvore de folha perene, cultivada em grande escala nos países mediterrânicos, tanto cultivada como selvagem. A alfarroba cultivada e silvestre tem um elevado teor de peso seco total (cerca de 91-92%) que consiste basicamente em frutose, glucose, sacarose e incorpora também pequenas quantidades de componentes fenólicos, aminoácidos e minerais. As folhas, a polpa, as vagens e as sementes contêm fenóis como o resorcinol, a vanilina, a fraxidina, o 2,4-bis(dimetilbenzil)-6-butilfenol, a alizarina, a lignana, a hidroquinona e o bis(trihidroxipehnil)metano; os ácidos fenólicos mais notáveis nas vagens, folhas, sementes e polpa são o ácido gálico, o ácido clorogénico, o ácido ferúlico, o ácido siríngico, o ácido cumárico, o ácido cinâmico, o ácido cafeico, o ácido vanílico ácido gentísico, ácido tânico, ácido elágico, ácido rosmarínico, ácido sinápico, galato de metilo, ácido benzoico, ácido protocatecuico, ácido quinínico, ácido 5-cafeoilquínico, ácido ascórbico e ácido mirístico; os flavonóides mais notáveis são o kaempferol, a quercetina, a epicatequina, a catequina, a apigenina, a luteolina, a rutina, a miricetina, a naringenina, as leucoantocianinas, a genisteína, as antocianinas, a daidzeína, a miricitrina, o flavonol, o ramnosídeo, o éter dimetílico da tricetina, o crisoerol, a galocatequina hexosídeo de di-hidroxiflavanona, tetra-hidroxiflavanona, siómero de apigenina, metoxicampferol, kampferide, éter dimetílico de tricetina, di-hidroxiflavanona, glicosídeos de flavona, catecol, isoquercetrina, hidroxitirosol, crismaritina, silibina B, galato de catequina, hidroxitirosol e agliconas de crisina. Em suma, a alfarroba é um recurso valioso para a formulação de alimentos sustentáveis com baixa pegada de carbono, elevado valor nutricional, saborosos, saudáveis, seguros e económicos. O Nidus Vespae tem sido utilizado há milhares de anos na MTC para tratar muitas doenças, como a artrite reumatoide, distúrbios digestivos e urinários, doenças dentárias e cancro, no entanto, os estudos têm-se centrado nas suas actividades antibacterianas, anti-inflamatórias e anticancerígenas.

Contribuição dos autores

Todos os autores leram e aprovaram o manuscrito final.

Agradecimentos

Este trabalho foi apoiado pelo Programa Nacional de I&D da China (bolsa de investigação 2019YFA0904700). Esta investigação foi também financiada pela Fundação de Ciências Naturais de Pequim, China (Subvenção n.º M21026).

Conflito de interesses

Os autores declaram que não existem conflitos de interesse relacionados com este artigo.

Referências

1. Shahrajabian, M.H.; Kuang, Y.; Cui, H.; Fu, L.; Sun, W. Alterações metabólicas de componentes activos de plantas medicinais importantes com base na medicina tradicional chinesa sob diferentes stresses ambientais. *Curr. Org. Chem.* **2023.** https://doi.org/10.2174/1385272827666230807150910
2. Shahrajabian, M.H.; Sun, W. Survey on multi-omics and multi-omics data analysis, integration and application. *Curr. Pharm. Anal.* **2023**, *19*(4), 267-281. https://doi.org/10.2174/1573412919666230406100948
3. Shahrajabian, M.H.; Sun, W. The importance of salicylic acid, humic acid and fulvic acid on crop production. *Lett. Drug Des. Discov.* **2023**, *2023*(20), 1-16. https://doi.org/10.2174/1570180820666230411102209
4. Shahrajabian, M.H.; Chaski, C.; Polyzos, N.; Petropoulos, S.A. Aplicação de bioestimulantes: Uma ferramenta de gestão de culturas com poucos factores de produção para uma agricultura sustentável de produtos hortícolas. *Biomolecules.* **2021**, *11*(5), 698. https://doi.org/10.3390/biom11050698
5. Shahrajabian, M.H.; Sun, W.; Soleymani, A.; Cheng, Q. Medicamentos tradicionais à base de plantas para superar o stress, a ansiedade e melhorar a saúde mental em surtos de coronavírus humano. *Phyother. Res.* **2020**, *2020*(1), 1-11. https://doi.org/10.1002/ptr.6888
6. Shahrajabian, M.H.; Sun, W. Utilizando sumagre (*Rhus coriaria* L.), como uma especiaria milagrosa com actividades farmacológicas excepcionais. *Não. Sci. Biol.* **2022**, *14*(1), 1-14. https://doi.org/10.15835/nsb14111118
7. Shahrajabian, M.H.; Sun, W. Plantas medicinais, agentes económicos e naturais com atividade antioxidante. *Curr. Nutr. Food Sci.* **2022**, *19*(8), 763-784. https://doi.org/10.2174/1573401318666221003110058
8. Shahrajabian, M.H.; Sun, W. Asparagus (*Asparagus officinalis* L.) e poejo (*Mentha pulegium* L.), vantagens impressionantes com fitoquímicos maravilhosos e benéficos para a saúde. *Não. Sci. Biol.* **2022**, *14*(2), 11212. https://doi.org/10.55779/nsb14211212
9. Marmitt, D.; Shahrajabian, M.H. Espécies de plantas usadas nas regiões do Brasil e da Ásia com propriedades tóxicas. *Phytother Res.* **2021**, *2021*(2), 1-24. https://doi.org/10.1002/ptr.7100
10. Shahrajabian, M.H. Ervas medicinais com actividades anti-inflamatórias para a cura natural e orgânica. *Curr. Org. Chem.* **2021**, *25*(23), 1-17. https://doi.org/10.2174/13852772825666211110115656
11. Shahrajabian, M.H.; Sun, W. Estudo de diferentes tipos de fermentação no processo de vinificação e consideração de substâncias aromáticas e ácido orgânico. *Curr. Org. Synth.* **2023**, *20.* https://doi.org/10.2174/1570179420666230803102253
12. Shahrajabian, M.H.; Sun, W. Five important seeds in traditional medicine, and pharmacological benefits (Cinco sementes importantes na medicina tradicional e benefícios farmacológicos). *Seeds.* **2023**, *2*(3), 290-308. https://doi.org/10.3390/seeds2030022

13. Shahrajabian, M.H.; Sun, W.; Grandes benefícios para a saúde dos óleos essenciais de poejo (*Mentha pulegium* L.): Um medicamento natural e orgânico. *Curr. Nutr. Food Sci.* **2023**, *19*(4), 340-345. https://doi.org/10.2174/1573401318666220620145213
14. Shahrajabian, M.H.; Sun, W. Importância da timoquinona, do sulforafano, da floretina e da epigalocatequina e seus benefícios para a saúde. *Lett. Drug Des. Discov.* **2023**, *19*. https://doi.org/10.2174/1570180819666220902115521
15. Shahrajabian, M.H.; Cheng, Q.; Sun, W. Suplementos de vitamina C e D para prevenir o risco de Covid-19. *Nat. Prod. J.* **2023**, *13*(1), 47-59. https://doi.org/10.2174/2210315512666220414104141
16. Cox, P.D. The suitability of dried fruits, almonds and carobs for the development of *Ephestia figulilella* Gregson, *E. calidella* (Guenee) and *E. cautella* (Walker) (Lepidoptera: Phycitidae). *J. Stored Prod. Res.* **1975**, *11*(3-4), 229-233. https://doi.org/10.1016/0022-474X(75)90035-1
17. Cruz, C.; Lips, S.H.; Martins-Louczao, M.A. Alterações na morfologia de raízes e folhas de plântulas de alfarroba induzidas por fonte de azoto e dióxido de carbono atmosférico. *Annal. Bot.* **1997**, *80*(6), 817-823. https://doi.org/10.1006/anbo.1997.024
18. McCleary, B.V.; Amado, R.; Waibel, R.; Neukom, H. Efeito do teor de galactose nas propriedades de solução e interação de galactomananos de guar e alfarroba. *Carbohydr. Res.* **1981**, *92*(2), 269-285. https://doi.org/10.1016/S0008-6215(00)80398-5
19. Rtibi, K.; Selmi, S.; Grami, D.; Amri, M.; Eto, B.; El-benna, J.; Sebai, H.; Marzouki, L. Constituintes químicos e acções farmacológicas das vagens e folhas de alfarroba (*Ceratonia siliqua* L.) no trato gastrointestinal: uma revisão. *Biomed. Pharmacother.* **2017**, *93*, 522-528. https://doi.org/10.1016/j.biopha.2017.06.088
20. Custódio, L.; Carneiro, M.F.; Romano, A. Microsporogénese e cultura de anteras em alfarrobeira (*Ceratonia siliqua* L.). *Sci. Hortic.* **2005**, *104*(1), 65-77. https://doi.org/10.1016/j.scienta.2004.08.001
21. Carvalho, M.; Roca, C.; Reis, M.A.M. Extractos aquosos de alfarroba como matéria-prima para a produção de ácido succínico por *Actinobacillus succinogenes* 130Z. *Bioresour. Technol.* **2014**, *170*, 491-498. https://doi.org/10.1016/j.biortech.2014.07.117
22. Vekiari, S.A.; Ouzounidou, G.; Ozturk, M.; Gork, G. Variação das características de qualidade das vagens de alfarroba grega e turca durante o desenvolvimento do fruto. *Procedia Social Behav. Sci.* **2011**, *19*, 750-755. https://doi.org/10.1016/j.sbspro.2011.05.194
23. Tsatsaragkou, K.; Gounaropoulos, G.; Mandala, I. Desenvolvimento de pão sem glúten contendo farinha de alfarroba e amido resistente. *LWT- Food Sci. Technol.* **2014**, *58*(1), 124-129. https://doi.org/10.1016/j.lwt.2014.02.043

24. Tuner, H.; Polat, M. Deteção de ESR de vagens de alfarroba (*Ceratoniasiliqua* L.) irradiadas e sua caraterística dosimétrica. *Radiat. Phys. Chem.* **2017**, *141*, 196-199. https://doi.org/10.1016/j.radphyschem.2017.07.016
25. Bornstein, S.; Bianka, L.; Eugenia, A. A energia metabolizável e produtiva da alfarroba para o pinto em crescimento. *Poult. Sci.* **1965**, *44*(2), 519-529. https://doi.org/10.3382/ps.0440519
26. Kratzer, F.H.; Williams, D.E.; Os valores da alfarroba moída em rações para pintos. *Poult. Sci.* **1951**, *30*(1), 148-150. https://doi.org/10.3382/ps.0300148
27. Roukas, T. Produção de ácido cítrico a partir de alfarroba por fermentação em estado sólido. *Enzyme Microb. Technol.* **1999**, *24*(1-2), 54-59. https://doi.org/10.1016/S0141-0229(98)00092-1
28. Canatar, M.; Tufan, H.N.G.; Unsal, S.B.E.; Koc, C.Y.; Ozcan, A.; Kucuk, G.; Basmak, S.; Yatmaz, E.; Germec, M.; Yavuz, I.; Turhan, I. Produção de inulinase e fruto-oligossacarídeo a partir de alfarroba utilizando *Aspergillus niger* A42 (ATCC 204447) em condições de fermentação em estado sólido. *Int. J. Biol. Macromol.* **2023**, *245*, 125520. https://doi.org/10.1016/j.ijbiomac.2023.125520
29. Eraslan, H.; Wehbeh, J.; Ermis, E. Efeito da massa fermentada preparada com a combinação de grão-de-bico e alfarroba nas propriedades do pão. *Int. J. Gastronomy Food Sci.* **2023**, *32*, 100753. https://doi.org/10.1016/j.ijgfs.2023.100753
30. Turfani, V.; Narducci, V.; Durazzo, A.; Galli, V.; Carcea, M. Propriedades tecnológicas, nutricionais e funcionais do pão de trigo enriquecido com farinhas de lentilhas ou alfarroba. *LWT.* **2017**, *78*, 361-366. https://doi.org/10.1016/j.lwt.2016.12.030
31. Ercan, Y.; Irfan, T.; Mustafa, K. Otimização da produção de etanol a partir de extrato de alfarroba utilizando células de *Saccharomyces cerevisiae* imobilizadas num bioreactor de tanque agitado. *Bioresour. Technol.* **2013**, *135*, 365-371. https://doi.org/10.1016/j.biortech.2012.09.006
32. Caliskan, A.; Abdullah, N.; Ishak, N.; Caliskan, I.T. Propriedades físico-químicas, microbianas e sensoriais da barra de alfarroba selvagem: Um estudo sobre o prazo de validade. *Int. J. Gastronomy Food. Sci.* **2023**, *31*, 100668. https://doi.org/10.1016/j.ijgfs.2023.100668
33. Cui, H.; Shahrajabian, M.H.; Kuang, Y.; Zhang, H.; Sun, W. Heterologous expression and function of cholesterol oxidase: Uma revisão. *Protein Pept. Lett.* **2023**, *30*(7), 531-540. https://doi.org/10.2174/0929866530666230525162545
34. Ghorbaninejad, Z.; Eghbali, A.; Ghorbaninejad, M.; Ayyari, M.; Zuchowski, J.; Kowalczyk, M.; Baharvand, H.; Shahverdi, A.; Eftekhari-Yazdi, P.Esfandiari, F. O extrato de alfarroba induz a espermatogénese num modelo de ratinho infértil através da regulação positiva de *Prm1*, *Plzf*, *Bcl-6b*, *Dazl*,

Ngn3, *Stra8* e *Smc1b*. *J. Ethnopharmacol.* **2023**, *301*, 115760. https://doi.org/10.1016/j.jep.2022.115760
35. Pedret-Massanet, C.; Ortiz, L.L.-L.; Allen-Perkins, D. Do estigma à alta cozinha: Estratégias, agentes e discursos na revalorização da alfarroba como produto gourmet. *Int. J. Gastron. Food. Sci.* **2023**, *31*, 100677. https://doi.org/10.1016/j.ijgfs.2023.100677
36. Sun, W.; Shahrajabian, M.H.; Cheng, Q. Plantas dietéticas e medicinais naturais com actividades terapêuticas anti-obesidade para o tratamento e prevenção da obesidade durante o confinamento e na era pós-Covid-19. *Appl Sci.* **2021**, *11*(17), 7889. https://doi.org/10.3390/app11177889
37. Sun, W.; Shahrajabian, M.H.; Cheng, Q. Barberry (*Berberis vulgaris*), uma fruta medicinal e um alimento com usos farmacêuticos tradicionais e modernos. *Isr J Plant Sci.* **2021**, *68*(1-2), 1-11. https://doi.org/10.1163/22238980-bja10019
38. Sun, W.; Shahrajabian, M.H.; Cheng, Q. Cultivo de feno-grego com ênfase nos aspectos históricos e nas suas utilizações na medicina tradicional e na ciência farmacêutica moderna. *Mini Rev Med Chem.* **2021**, *21*(6), 724-730. https://doi.org/10.2174/1389557520666201127104907
39. Sun, W.; Shahrajabian, M.H. Therapeutic potential of phenolic compounds in medicinal plants-natural health products for human health. *Molecules.* **2023**, *28*(1845), 1-45. https://doi.org/10.3390/molecules28041845
40. Sun, W.; Shahrajabian, M.H.; Petropoulos, S.A.; Shahrajabian, N. Developing sustainable agriculture systems in medicinal and aromatic plant production by using chitosan and chitin-based biostimulants. *Plants.* **2023**, *12*(13), 2469. https://doi.org/10.3390/plants12132469
41. Sun, W.; Shahrajabian, M.H.; Lin, M. Research progress fermented functional foods and protein factory-microbial fermentation technology. *Fermentação.* **2022**, *8*(12), 688. https://doi.org/10.3390/fermentation8120688
42. Sun, W.; Shahrajabian, M.H. Therapeutic potential of phenolic compounds in medicinal plants-natural health products for human health. *Molecules*, **2023**, *28*(1845), 1-47. https://doi.org/10.3390/molecules28041845
43. Ilahi, I.; Vardar, Y. Estudos sobre a alfarroba turca (*Ceratonia siliqua* L.) II. O nível de substâncias reguladoras do crescimento e o teor de açúcar em diferentes fases do desenvolvimento do fruto. *Zeitschrift fur Pflanzenphysiologie.* **1975**, *75*(5), 422-426. https://doi.org/10.1016/S0044-328X(75)80136-X
44. Petit, M.D.; Pinilla, J.M. Produção e purificação de um xarope de açúcar a partir de vagens de carbono. *LWT- Food Sci. Technol.* **1995**, *28*(1), 145-152. https://doi.org/10.1016/S0023-6438(95)80027-1
45. Moreira, T.C.; Silva, A.T.D.; Fagundes, C.; Ferreira, S.M.R.; Candido, L.M.B.; Passos, M.; Kruger, C.C.H. Elaboração de iogurte com nível reduzido de lactose adicionado de alfarroba (*Ceratonia siliqua* L.). *LWT-*

Food Sci. Technol. **2017**, *76*(Part B), 326-329. https://doi.org/10.1016/j.lwt.2016.08.033
46. Arribas, C.; Cabellos, B.; Cuadrado, C.; Guillamon, E.; Pedrosa, M.M. O efeito da extrusão nos compostos bioactivos e na capacidade antioxidante de novos produtos expandidos sem glúten à base de misturas de alfarroba, ervilha e arroz. *Inovar. Food Sci. Emerg. Technol.* **2019**, *52*, 100-107. https://doi.org/10.1016/j.ifset.2018.12.003
47. Arribas, C.; Cabellos, B.; Cuadrado, C.; Guillamon, E.; Pedrosa, M.M. Efeito da extrusão na composição proximal, amido e fibra alimentar de produtos prontos a consumir à base de arroz fortificado com alfarroba e feijão. *LWT.* **2019**, *111*, 387-393. https://doi.org/10.1016/j.lwt.2019.05.064
48. Bissar, S.; Ozcan, M.M. Determinação dos parâmetros de qualidade e produção de macarrão sem glúten a partir de alfarroba e sorgo. *Int. J. Gastron. Food Sci.* **2022**, *27*, 100460. https://doi.org/10.1016/j.ijgfs.2021.100460
49. Fruhbauerova, M.; Cervenka, L.; Hajek, T.; Pouzar, M.; Palarcik, J. Bioacessibilidade dos fenólicos do pó de alfarroba (*Ceratonia siliqua* L.) preparado por moagem criogénica e vibratória. *Food Chem.* **2022**, *377*, 131968. https://doi.org/10.1016/j.foodchem.2021.131968
50. Sebastian, K.T.; McComb, J.A. Um sistema de micropropagação para alfarroba (*Ceratonia siliqua* L.). *Sci. Hortic.* **1986**, *28*(1-2), 127-131. https://doi.org/10.1016/0304-4238(86)90132-9
51. Carvalho, M.; Roca, C.; Reis, M.A.M. Melhoria da produção de ácido succínico por *Actinobacillus succinogenes* a partir de vagens de alfarroba industrial crua. *Bioresour. Technol.* **2016**, *218*, 491-497. https://doi.org/10.1016/j.biortech.2016.06.140
52. Benkovic, M.; Bosiljkov, T.; Semic, A.; Jezek, D.; Srecec, S. Influência da farinha de alfarroba e da goma de alfarroba nas propriedades reológicas dos recheios de pastelaria de cacau e alfarroba. *Foods.* **2019**, *8*, 66. https://doi.org/10.3390/foods9020066
53. Stavrou, I.J.; Christou, A.; Kapnissi-Christodoulou, C.P. Polyphenols in carobs: Uma revisão sobre a sua composição, capacidade antioxidante e efeitos citotóxicos, e impacto na saúde. *Food Chem.* **2018**, *269*, 355-374. https://doi.org/10.1016/j.foodchem.2018.06.152
54. Yatmaz, E.; Turhan, I.; A alfarroba como fonte de carbono para a fermentação. *Biocatal. Agric. Biotechnol.* **2018**, *16*, 200-208. https://doi.org/10.1016/j.bcab.2018.08.006
55. Boublenza, I.; El-haitoum, A.; Ghezlaoui, S.; Mahdad, M.; Vasai, F.; Chemat, F. Populações argelinas de alfarroba (*Ceratonia siliqua* L.). Variabilidade morfológica e química dos seus frutos e sementes. *Sci. Hortic.* **2019**, *26*, 108537. https://doi.org/10.1016/j.scienta.2019.05064
56. Rico, D.; Martin-Diana, A.B.; Martinez-Villaluenga, C.; Aguirre, L.; Silvan, J.M.; Duenas, M.; De Luis, D.A.; Lasa, A. Abordagem *in vitro* para

avaliação de subprodutos da alfarroba como fonte de ingredientes bioactivos com potencial para atenuar a síndrome metabólica (SM). *Heliyon*. **2019**, *5*(1), e01175. https://doi.org/10.1016/j.heliyon.2019.e01175
57. Turhan, I.; Bialka, K.L.; Demirci, A.; Karhan, M. Produção de etanol a partir de extrato de alfarroba utilizando *Saccharomyces cerevisiae*. *Biosour. Technol.* **2010**, *101*(14), 5290-5296. https://doi.org/10.1016/j.biortech.2010.01.146
58. Karababa, E.; Coskuner, Y. Propriedades físicas da alfarroba (*Ceratonia siliqua* L.): Uma cultura industrial produtora de goma. *Ind. Crops. Prod.* **2013**, *42*, 440-446. https://doi.org/10.1016/j.indcrop.2012.05.006
59. Shahrajabian, M.H.; Sun, W. Várias técnicas para a deteção molecular e rápida de doenças infecciosas e epidémicas. *Lett. Org. Chem.* **2023**, *20*(9), 779-801. https://doi.org/10.2174/1570178620666230331095720
60. Shahrajabian, M.H.; Sun, W. The important nutritional benefits and wonderful health benefits of Cashew (*Anacardium occidentale* L.). *Nat. Prod. J.* **2023**, *13*(4), 2-10. https://doi.org/10.2174/2210315512666220427113702
61. Shahrajabian, M.H.; Sun, W. Estudo sobre plantas medicinais e ervas da medicina tradicional iraniana com propriedades antioxidantes, antivirais, antimicrobianas e anti-inflamatórias. *Lett. Drug Des. Discov.* **2023**, *19*. https://doi.org/10.2174/1570180819666220816115506
62. Shahrajabian, M.H.; Sun, W. Uma estratégia amigável para uma vida orgânica, considerando a alcaparra de feijão sírio (*Zygophyllum fabago* L.) e a *pastinaca* (*Pastinaca sativa* L.). *Curr. Nutr. Food Sci.* **2023**, *9*(9), 1-15. https://doi.org/10.2174/1573401319666230207093757
63. Shahrajabian, M.H.; Sun, W. Kashk and doogh: The yogurt-based national Persian products. *Curr. Nutr. Food Sci.* **2023**, *19*(9), 1-6. https://doi.org/10.2174/1573401319666230228115432
64. Shahrajabian, M.H.; Sun, W. Potential roles of longan as a natural remedy with tremendous nutraceutical values. *Curr. Nutr. Food Sci.* **2023**, *19*(9), 888-895. https://doi.org/10.2174/1573401319666230221111242
65. Shahrajabian, M.H.; Petropoulos, S.A.; Sun, W. Survey of the influences of microbial biostimulants on horticultural crops: Estudos de casos e paradigmas de sucesso. *Horticulturae*. **2023**, *9*(193), 1-24. https://doi.org/10.3390/horticulturae9020193
66. Shahrajabian, M.H. Plantas medicinais poderosas para aliviar o stress em caso de raiva, ansiedade, depressão e stress durante a pandemia global. *Recent Pat. Biotechnol.* **2022.** https://doi.org/10.2174/1872208316666220321102216
67. Shahrajabian, M.H. Um candidato para a promoção da saúde, prevenção e tratamento de doenças, a arruda comum (*Ruta graveolens* L.), uma planta medicinal importante na medicina tradicional. *Curr. Clin. Pharmacol.* **2022**, *17*. https://doi.org/10.2174/2772432817666220510143902

68. Shahrajabian, M.H.; Sun, W.; Cheng, Q. A importância dos flavonóides e fitoquímicos de plantas medicinais com actividades antivirais. *Mini Rev. Org. Chem.* **2022**, *19*(3), 293-318. https://doi.org/10.2174/1570178618666210707161025
69. Christou, A.; Martinez-Piernas, A.B.; Stavrou, I.J.; Garcia-Reyes, J.F.; Kapnissi-Christodoulou, C.P. HPLC-ESI-HRMS e análise quimiométrica de polifenóis de alfarroba - parâmetros tecnológicos e geográficos que afectam a sua composição fenólica. *J. Food Compos. Anal.* **2022**, *114*, 104744. https://doi.org/10.1016/j.jfca.2022.104744
70. Malfa, S.L.; Curro, S.; Douglas, A.B.; Brugaletta, M.; Caruso, M.; Gentile, A. Diversidade genética revelada por marcadores EST-SSR em alfarrobeira (*Ceratonia siliqua* L.). *Biochem. Syst. Ecol.* **2014**, *55*, 205-211. https://doi.org/10.1016/j.bse.2014.03.022
71. Hanoglu, A.; Karaoglu, M.M.; Bedir, Y. O efeito das polpas de alfarroba, laranja e cenoura nas propriedades físicas, químicas e microbiológicas da delícia turca. *Int. J. Gastronomy Food Sci.* **2023**, *32*, 100709. https://doi.org/10.1016/j.ijgfs.2023.100709
72. Yousif, A.K.; Alghzawi, H.M. Processamento e caraterização de alfarroba em pó. *Food Chem.* **2000**, *69*(3), 283-287. https://doi.org/10.1016/S0308-8146(99)00265-4
73. Matthaus, B.; Ozcan, M.M. Avaliação dos lípidos do óleo de sementes de alfarroba cultivada e selvagem (*Ceratonia siliqua* L.) cultivada na Turquia. *Sci. Hortic.* **2011**, *130*(1), 181-184. https://doi.org/10.1016/j.scienta.2011.06.034
74. Smith, A.; Fischer, C. The use of carob flour in the treatment of diarrhea in infant and children (O uso da farinha de alfarroba no tratamento da diarreia em bebés e crianças). *J. Pediatr.* **1949**, *35*, 422-426.
75. Alsina-Restoy, X.; Torres-Castro, R.; Caballeria, E.; Siso-Comabella, M.; Romano-Andrioni, B.; Perez-Rodas, N.; Noboa-Sevilla, B.; Rancesqui, J.; Hernandez-Gonzalez, F.; Sellares, J. A farinha de alfarroba ajuda a reduzir a diarreia associada ao nintedanib? *Arch. Bronconeumol.* **2023**, *59*(5), 341-343. https://doi.org/10.1016/j.arbres.2022.12.014
76. Durazzo, A.; Turfani, V.; Narducci, V.; Azzini, E.; Maiani, G.; Carcea, M. Caracterização nutricional e componentes bioactivos de farinhas de alfarroba comerciais. *Food Chem.* **2014**, *153*, 109-113.
77. Bahry, H.; Pons, A.; Abdallah, R.; Pierre, G.; Delattre, C.; Fayad, N.; Taha, S.; Vial, C. Valorização dos resíduos de alfarroba: Definição de um processo de produção de bioetanol de segunda geração. *Bioresour. Technol.* **2017**, *235*, 25-34. https://doi.org/10.1016/j.biortech.2017.03.056
78. Saitta, F.; Apostolidou, A.; papageorgiou, M.; Signorelli, M.; Mandala, I.; Fessas, D. Influência de ingredientes de farinha de alfarroba em sistemas à base de trigo. *J. Cereal Sci.* **2023**, *111*, 103655. https://doi.org/10.1016/j.jcs.2023.103655

79. Zemouri, Z.; Djabeur, A.; Frimehdi, N.; Khelil, O.; Kaid-Harche, M. A diversidade de sementes de alfarroba (*Ceratonia siliqua* L.) e a relação entre a cor das sementes e a dormência do revestimento. *Sci. Hortic.* **2020**, *274*, 109679. https://doi.org/10.1016/j.scienta.2020.109679
80. El-Batal, H.; Hasib, A.; Ouatmane, A.; Dehbi, F.; Jaouad, A.; Boulli, A. Composição do açúcar e rendimento da produção de xarope a partir da polpa das vagens de alfarroba marroquina (*Ceratonia siliqua* L.). *Arab. J. Chem.* **2016**, *9*(2), S955-S959. https://doi.org/10.1016/j.arabjc.2011.10.012
81. Christou, C.; Agapiou, A.; Kokkinofta, R. Utilização da espetroscopia FTIR e da quimiometria para a classificação da origem da alfarroba. *J. Adv. Res.* **2018**, *10*, 1-8. https://doi.org/10.1016/j.jare.2017.12.001
82. Benkovic, M.; Belscak-Cvitanovic, A.; Bauman, I.; Komes, D.; Srecec, S. Flow properties and chemical composition of carob (*Ceratonia siliqua* L.) flours as related to particle size and seed presence. *Food. Res. Int.* **2017**, *100*(2), 211-218. https://doi.org/10.1016/j.foodres.2017.08048
83. Bottegal, D.N.; Alvarez-Rodriguez, J.; Latorre, M.A.; Espinal, J.; Verdu, M.; Lobon, S. Carob pulp and high levels of vitamin E do not affect performance trait and metabolic profile in fatterning lambs. *Anim. Sci. Proceed.* **2022**, *13*(3), 414-415. https://doi.org/10.1016/j.anscip.2022.07.149
84. Zhu, B.J.; Zayed, M.Z.; Zhu, H.X.; Zhao, J.; Li, S.P. Polissacáridos funcionais do fruto da alfarroba: Uma revisão. *Chin. Med.* **2019**, *14*, 40.
85. Inserra, L.; Luciano, G.; Bella, M.; Scerra, M.; Cilione, C.; Basile, P.; Lanza, M.; Priolo, A. Efeito da inclusão de polpa de alfarroba na dieta de suínos de engorda na composição de ácidos gordos e estabilidade oxidativa da carne de porco. *Meat Sci.* **2015**, *100*, 256-261. https://doi.org/10.1016/j.meatsci.2014.09.146
86. Ioannou, G.D.; Savva, I.K.; Christou, A.; Stavrou, I.J.; Kapnissi-Christodoulou, C.P. Phenolic profile, antioxidant activity, and chemometric classification of alob pulp and products. *Molecules.* **2023**, *28*, 2269. https://doi.org/10.3390/molecules28052269
87. Nishira, H,; Joslyn, M.A. The galloyl glucose compounds in green carob pods (*Ceratonia siliqua*). *Phytochemistry.* **1968**, *7*(12), 2147-2156. https://doi.org/10.1016/S0031-9422(00)85671-X
88. Saratsi, K.; Hoste, H.; Voutzourakis, N.; Tzanidakis, N.; Stefanakis, A.; Thamsborg, S.M.; Mueller-Harvey, I.; Hadjigeorgiou, I.; Sotiraki, S. Feeding of alfarroba (*Ceratonia siliqua*) to sheep infected with gastrointestinal nematodes reduces faecal egg counts and worm fecundity. *Vet. Parasitol.* **2020**, *284*, 109200. https://doi.org/10.1016/j.vetpar.2020.109200
89. Tamir, M.; Nachtomi, E.; Alumot, E. Degradação de taninos de vagens de alfarroba (*Ceratonia siliqua*) por ácido tioglicólico. *Phytochemistry.* **1971**, *10*(11), 2769-2774. https://doi.org/10.1016/S0031-9422(00)97277-7
90. Siano, F. Mamone, G.; Vasca, E.; Puppo, M.C.; Picariello, G. Massa fortificada com farinha de gérmen de sementes de alfarroba (*Ceratonia

siliqua L.) *rica em C-glicosídeos*: atividade inibitória contra enzimas de digestão de hidratos de carbono. *Food Res. Int.* **2023**, *170*, 112962. https://doi.org/10.1016/j.foodres.2023.112962
91. Fidan, H.; Stankov, S.; Petkova, N.; Petkova, Z.; Iliev, A.; Sotyanova, M.; Ivanova, T.; Zhelyazkov, N.; Ibrahim, S.; Stoyanova, A.; et al. Avaliação da composição química, do potencial antioxidante e das propriedades funcionais das sementes de alfarroba (*Ceratonia siliqua* L.). *Food Sci. Technol.* **2020**, *47*, 2404-2413.
92. Goulas, V.; Stylos, E.; Chatziathanasiadou, M.V.; Mavromoustakos, T.; Tzakos, A.G. Functional components of alob fruit: Ligando o espaço químico e biológico. *Int. J. Mol. Sci.* **2016**, *17*, 1875.
93. Avallone, R.; Plessi, M.; Baraldi, M.; Monzani, A. Determinação da composição química da alfarroba (*Ceratonia siliqua*): Proteína, gordura, hidratos de carbono e taninos. *J. Food Compos. Anal.* **1997**, *10*(2), 166-172. https://doi.org/10.1006/jfca.1997.0528
94. Fadel, A.H.I.; Kamarudin, M.S.; Romano, N.; Ebrahimi, M.; Saad, C.R.; Samsudin, A.A. Carob seed germ meal as a partial soybean meal replacement in the diets of red hybrid tilapia. *Egipto. J. Aquat. Res.* **2017**, *43*(4), 337-343. https://doi.org/10.1016/j.ejar.2017.09.007
95. Pran, V.; Kratzer, F.H. The use of ground carobs in chicken diets. *Poult. Sci.* **1964**, *43*(3), 790-792. https://doi.org/10.3382/ps.0430790
96. Gravador, R.S.; Luciano, G.; Jongberg, S.; Bognanno, M.; Scerra, M.; Andersen, M.L.; Lund, M.N.; Priolo, A. Fatty acids and oxidative stability of meat from lambs fed alob-containing diets. *Food Chem.* **2015**, *182*, 27-34. https://doi.org/10.1016/j.foodchem.2015.02.094
97. Mcleod, G.; Forcen, M. Analysis of volatile components derived from the carob bean *Ceratonia siliqua. Phytochemistry.* **1992**, *31*(9), 3113-3119. https://doi.org/10.1016/0031-9422(92)83456-9
98. Naghmouchi, S.; Khouja, M.L.; Romero, A.; Tous, J.; Boussaid, M. Populações tunisinas de alfarroba (*Ceratonia siliqua* L.): Variabilidade morfológica das vagens e da amêndoa. *Sci. Hortic.* **2009**, *121*(2), 125-130. https://doi.org/10.1016/j.scienta.2009.02.026
99. Azab, A. D-Pintol-Active produto natural da alfarroba com notáveis regulamentos de insulina *Nutrientes.* **2022**, *14*, 1453. https://doi.org/10.3390/nu14071453
100. Sidina, M.M.; El-Hansali, M.; Wahid, N.; Ouatmane, A.; Boulli, A.; Haddioui, A. Fruit and seed diversity of domesticated alob (*Ceratonia siliqua* L.) in Morocco. *Sci. Hortic.* **2009**, *123*(1), 110-116. https://doi.org/10.1016/j.scienta.2009.07.009
101. Rodriguez-Solana, R.; Romano, A.; Moreno-Rojas, J.M. Polpa de alfarroba: Um subproduto nutricional e funcional mundialmente difundido na formulação de diferentes produtos alimentares e bebidas, uma revisão. *Processes.* **2021**, *9*, 1146. https://doi.org/10.3390/pr9071146

102. Edwards, C.A.; Havlik, J.; Cong, W.; Mullen, W.; Preston, T.; Morrison, D.J.; et al. Polyphenols and health: interactions between fiber, plant polyphenols and the gut microbiota. *Nutr. Bull.* **2017**, *42*(4), 356-360.
103. Saura-Calixto, F. A fibra alimentar como transportadora de antioxidantes alimentares: função fisiológica essencial. *J. Agric. Food Chem.* **2011**, *59*(1), 43-49.
104. Dakia, P.A.; Blecker, C.; Robert, C.; Wathelet, B.; Paquot, M. Composição e propriedades físico-químicas do fumo de alfarroba extraído de sementes inteiras por pré-tratamento de descasque com ácido ou água. *Food Hydrocoll.* **2008**, *22*(5), 807-818.
105. Amessis-Ouchemoukh, B.; Ouchemoukh, S.; Meziant, N.; Idiri, Y.; Hernanz, D.; Stinco, C.M.; Rodriguez-Pulido, F.J.; Heredia, F.J.; Madani, K.; Luis, J. Metabolitos bioactivos envolvidos nas actividades antioxidante, anticancerígena e anticalpina dos extractos de *Ficus carica* L., *Ceratonia siliqua* L. e *Quercus ilex* L.. *Ind. Crops. Prod.* **2017**, *95*, 6-17. https://doi.org/10.1016/j.indcrop.2016.10.007
106. Mamone, G.; Sciammaro, L.; Caro, S.D.; Stasio, L.D.; Siano, F.; Picariello, G.; Puppo, M.C. Análise comparativa da composição proteica e digestibilidade de *Ceratonia siliqua* L. e *Prosopis* spp. Farinha de gérmen de sementes. *Food Res. Int.* **2019**, *120*, 188-195. https://doi.org/10.1016/j.foodres.2019.02.035
107. Gregoriou, G.; Neophytou, C.M.; Vasincu, A.; Gregoriou, Y.; Hadjipakkou, H.; Pinakoulaki, E.; Christodoulou, M.C.; Ioannou, G.D.; Stavrou, I.J.; Christou, A.; Kapnissi-Christodoulou, C.P.Aigner, S.; Stuppner, H.; Kakas, A.; Constantinou, A.I. Atividade anticancerígena e conteúdo fenólico de extractos derivados de vagens de alfarroba cipriota (*Ceratonia siliqua* L.) utilizando diferentes solventes. *Molecules.* **2021**, *26*, 5017. https://doi.org/10.3390/molecules26165017
108. Issaoui, M.; Flamini, G.; Delgado, A. Oportunidades de sustentabilidade para produtos alimentares mediterrânicos através de novas formulações à base de farinha de alfarroba (*Ceratonia siliqua* L.). *Sustainability.* **2021**, *13*, 8026. https://doi.org/10.3390/su13148026
109. Roseiro, L.B.; Duarte, L.C.; Oliveira, D.; Roque, R.; Bernardo-Gil, M.; Martins, A.I.; Sepulveda, C.; Almeida, J.; Meireles, M.; Girio, F.M.; Rauter, A.P. Extractos supercríticos, ultra-sónicos e convencionais da biomassa de alfarroba (*Ceratonia siliqua* L.): Efeito no perfil fenólico e na atividade antiproliferativa. *Ind. Crops. Prod.* **2013**, *47*, 132-138. https://doi.org/10.1016/j.indcrop.2013.02.026
110. Macho-Gonzalez, A.; Garcimartin, A.; Lopez-Oliva, M.E.; Garcia-Fernandez, R.; Hernandez-Martin, M.; Redondo-Castillejo, R.; Parfenova, A.; Bocanegra, A.; Bastida, S.; Benedi, J.; Sanchez-Muniz, F.J. A carne enriquecida com alfarroba melhora a estreatohepatite não alcoólica em

ratos T2DM em fase tardia. *Metabolismo*. **2021**, *116*, 154620. https://doi.org/10.1016/j.metabol.2020.154620

111. Macho-Gonzalez, A.; Garcimartin, A.; Redondo, N.; Cofrades, S.; Bastida, S.; Nova, E.; Benedi, J.; Sanchez-Muniz, FJ; Marcos, A.; Lopez-Oliva, ME A carne enriquecida com extrato de alfarroba, como tratamentos preventivos e curativos, melhora a microbiota intestinal e a integridade da barreira colônica em um modelo de DM2 em estágio avançado. *Food Res. Int.* **2021**, *141*, 110124. https://doi.org/10.1016/j.foodres.2021.110124
112. Garcia-Diez, E.; Lopez-Oliva, M.E.; Caro-Vadillo, A.; Perez-Vizcaino, F.; Perez-Jimenez, J.; Ramos, S.; Martin, M.A. Supplementation with a cocoa-carob blend, alone or in combination with metformin, attenuates diabetic cardiomyopathy, cardiac oxidative stress and inflammation in zucker diabetic rats. *Antioxidantes*. **2022**, *11*, 432. https://doi.org/10.3390/antiox11020432
113. Macho-Gonzalez, A.; Garcimartin, A.; Lopez-Oliva, M.E.; Celada, P.; Bastida, S.; Benedi, J.; Sanchez-Muniz, F.J. Carob-fruit-extract-enriched meat modulates lipoprotein metabolism and insulin signaling in diabetic rats induced by high-saturated-fat diet. *J. Funct. Foods*. **2020**, *64*, 103600. https://doi.org/10.1016/j.jff.2019.103600
114. Macho-Gonzalez, A.; Lopez-Oliva, M.E.; Merino, J.J.; Garcia-Fernandez, R.A.; Garcimartin, A.; Redondo-Castillejo, R.; Bastida, S.; Sanchez-Muniz, F.J.; Benedi, J. Carob fruit-enriched meat improves pancreatic beta-cell dysfunction, hepatic insulin signaling and lipogenesis in late-stage type 2 diabetes mellitus model. *J. Nutr. Biochem*. **2020**, *84*, 108461. https://doi.org/10.1016/j.nutbio.2020.108461
115. Kavvoura, D.-A.; Stefanakis, M.K; Kletsas, D.; Katerinopoulos, H.E.; Pratsinis, H. Actividades biológicas dos extractos de vagens e sementes de *Ceratonia siliqua*: Uma análise comparativa de duas cultivares de cretan. *Int. J. Mol. Sci.* **2023**, *24*, 12104. https://doi.org/10.3390/ijms241512104
116. Seczyk, L.; Swirca, M.; Gawlik-Dziki, U. Effect of carob (*Ceratonia siliqua* L.) flour on the antioxidant potential, nutritional quality, and sensory characteristics of fortified durum wheat pasta. *Food Chem*. **2016**, *194*, 637-642. https://doi.org/10.1016/j.foodchem.2015.08.086
117. Benchikh, Y.; Louaileche, H.; George, B.; Merlin, A. Alterações no conteúdo fitoquímico bioativo e na atividade antioxidante in vitro da alfarroba (*Ceratonia siliqua* L.) influenciadas pelo amadurecimento dos frutos. *Ind. Crops Prod.* **2014**, *60*, 298-303. https://doi.org/10.1016/j.indcrop.2014.05.048
118. Brassesco, M.E.; Brandao, T.R.S.; Silva, C.L.M.; Pintado, M. Alfarroba (*Ceratonia siliqua* L.): Uma nova perspetiva para alimentos funcionais. *Trends Food Sci. Technol.* **2021**, *114*, 310-322. https://doi.org/10.1016/j.tifs.2021.0.037

119. Roseiro, L.B.; Tavares, C.S.; Roseiro, J.C.; Rauter, A.P. Antioxidantes da decocção aquosa da biomassa de vagens de alfarroba (*Ceretonia siliqua* L.): Otimização utilizando metodologia de superfície de resposta e perfil fenólico por eletroforese capilar. *Ind. Crops. Prod.* **2013**, *44*, 119-126. https://doi.org/10.1016/j.indcrop.2012.11.006
120. Unal, E.; Sulukan, E.; Senol, O.; Baran, A.; Nadaroglu, H.; Kankaynar, M.; Kiziltan, T.; Ceyhn, S.B. Antioxidant/protective effects of carob pod (*Ceratonia siliqua* L.) water extract against deltamethrin-induced oxidative stress/toxicity in zebrafish larvae. *Compar. Biochem. Physiol. Toxicol. Pharmacol.* **2023**, *267*, 109584. https://doi.org/10.1016/j.cbpc.2023.109584
121. Cepo, D.V.; Mornar, A.; Nigovic, B.; Kremer, D.; Radanovic, D.; Dragojevic, I.V. Otimização das condições de torrefação como uma abordagem útil para aumentar a atividade antioxidante da alfarroba em pó. *LWT- Food Sci. Technol.* **2014**, *58*(2), 578-586. https://doi.org/10.1016/j.lwt.2014.04.004
122. Goulas, V.; Hadjisolomou, A. Alterações dinâmicas nos compostos fenólicos visados e no poder antioxidante dos produtos de alfarroba (*Ceratonia siliqua* L.) durante a digestão *in vitro*. *LWT*. **2019**, *101*, 269-175. https://doi.org/10.1016/j.lwt.2018.11003
123. Albertos, I.; Jaime, I.; Diez, A.M.; Gonzalez-Arnaiz, L.; Rico, D. Casca de sementes de alfarroba como antioxidante natural em carapau do Atlântico (*Trachurus trachurus*) picado e refrigerado (4° C). *LWT- Food Sci. Technol.* **2015**, *64*(2), 650-656. https://doi.org/10.1016/j.lwt.2015.06.037
124. Arribas, C.; Pereira, E.; Barros, L.; Alves, M.J.; Calhelha, R.C.; Guillamon, E.; Pedrosa, M.M.; Ferreira, I.C.F.R. Novas formulações saudáveis sem glúten à base de feijão, alfarroba e arroz: Efeito da extrusão nos ácidos orgânicos, tocoferóis, compostos fenólicos e bioatividade. *Food Chem.* **2019**, *292*, 304-313. https://doi.org/10.1016/j.foodchem.2019.04.074
125. Biernacka, B.; Dziki, D.; Gawlik-Dziki, U.; Rozylo, R.; Siastala, M. Propriedades físicas, sensoriais e antioxidantes da massa de trigo mole enriquecida com fibra de alfarroba. *LWT*. **2017**, *77*, 186-192. https://doi.org/10.1016/j.lwt.2016.11.042
126. Santonocito, D.; Granata, G.; Geraci, C.; Panico, A.; Siciliano, E.A.; Raciti, G.; Puglia, C. Sementes de alfarroba: Desperdício alimentar ou fonte de compostos bioactivos? *Pharmaceutics*. **2020**, *12*, 1090. https://doi.org/10.3390/pharmaceutics12111090
127. El-Haskoury, R.; Al-Waili, N.; Kamoun, Z.; Makni, M.; Al-Waili, H.; Lyoussi, B. Antioxidant activity and protective effect f alob honey in CCl_4 -induced kidney and liver injury. *Arch. Med. Res.* **2018**, *49*(5), 306-313. https://doi.org/10.1016/j.arcmed.2018.09.011
128. Abidar, S.; Boiangiu, R.S.; Dumitru, G.; Todirascu-Ciornea, E.; Amakran, A.; Cioanca, O.; Hritcu, L.; Nhiri, M. O extrato aquoso das folhas de *Ceratonia siliqua* protege contra a 6-hidroxidopamina no peixe-zebra:

Compreender o mecanismo subjacente. *Antioxidantes*. **2020**, *9*, 304. https://doi.org/10.3390/antiox9040304

129. Abdel-Rahman, M.; Bauomy, A.A.; Salem, F.E.H.; Khalifa, M.A. Carob extract attenuates brain and lung injury in rats exposed to waterpipe smoke. *Egipto. J. Basic Appl. Sci.* **2018**, *5*(1), 31-40. https://doi.org/10.1016/j.ejbas.2018.01.004
130. Lakkab, I.; Hajhaji, H.E.; Lachkar, N.; Lefter, R.; Ciobica, A.; Bali, B.E.; Lachkar, M. Cascas de sementes de *Ceratonia siliqua* L.: Perfil fitoquímico, atividade antioxidante e efeito nas perturbações do humor. *J. Funct. Foods*. **2019**, *54*, 457-465. https://doi.org/10.1016/j.jff.2019.01.041
131. Goulas, V.; Georgiou, E. Utilização de frutos de alfarroba como fontes de compostos fenólicos com potencial antioxidante: Otimização da extração e aplicação em modelos alimentares. *Foods*. **2020**, *9*, 20. https://doi.org/10.3390/foods9010020
132. Aboura, I.; Nani, A.; Belarbi, M.; Murtaza, B.; Fluckiger, A.; Dumont, A.; Benammar, C.; Tounsi, M.S.; Ghiringhelli, F.; Rialland, M.; Khan, N.A.; Hichami, A. Efeitos protectores das infusões ricas em polifenóis das folhas de alfarroba (*Ceratonia siliqua*) e dos cladódios de *Opuntia ficus-indica* contra a inflamação associada à obesidade induzida pela dieta e à colite induzida por DSS em ratos suíços. *Biomed. Pharmacother*. **2017**, *96*, 1022-1035. https://doi.org/10.1016/j.biopha.2017.11.125
133. Oziyci, H.R.; Tetik, N.; Turhan, I.; Yatmaz, E.; Ucgun, K.; Akgul, H.; Gubbuk, H.; Karhan, M. Mineral composition of pods and seeds of wild and grafted carob (*Ceratonia siliqua* L.) fruits. *Sci. Hortic*. **2014**, *167*, 149-152. https://doi.org/10.1016/j.scienta.2014.01.005
134. Alqudah, A.; Qnais, E.Y.; Wedyan, M.A.; Oqal, M.; Alqudah, M.; AbuDalo, R.; Al-Hashimi, N. Os extractos de etanol das folhas de *Ceratonia siliqua* exercem efeitos anti-nociceptivos e anti-inflamatórios. *Heliyon*. **2022**, *8*, e10400. https://doi.org/10.1016/j.heliyon.2022.e10400
135. Ayache, S.B.; Reis, F.S.; Dias, M.I.; Pereira, C.; Glamoclija, J.; Sokovic, M.; Saafi, E.B.; Ferreira, I.C.F.R.; Barros, L.; Achour, L. Caracterização química das sementes de alfarroba (*Ceratonia siliqua* L.) e utilização de diferentes técnicas de extração para promover a sua bioatividade. *Food Chem*. **2021**, *351*, 129263. https://doi.org/10.1016/j.foodchem.2021.129263
136. Dammak, A.; Ben Slima, S.; Gomes da Silva, M.D.R.; Ben Salah, R.; Aljuiad, A.M.; Hachicha, W.; Bouaziz, M. Actividades antioxidantes e antibacterianas de um polissacárido purificado extraído de *Ceratonia siliqua* L. e o seu envolvimento no melhoramento do desempenho do chantilly. *Separação*. **2022**, *9*, 117. https://doi.org/10.3390/separations9050117
137. Karmous, I.; Taheur, F.B.; Zuverza-Mena, N.; Jebahi, S.; Vaidya, S.; Tlahig, S.; Mhadhbi, M.; Gorai, M.; Raoudi, A.; Debara, M.; Bouhamda, T.; Dimkpa, C.O. Phytosynthesis of zinc oxide nanoparticles using *Ceratonia*

siliqua L. and evidence of antimicrobial activity. *Plants*. **2022**, *11*, 3079. https://doi.org/10.3390/plants11223079

138. Alayed, H.S.; Devanesan, S.; Al-Salhi, M.S.; Al-Kindi, M.G.; Alghamdi, O.G.; Alqhtani, N.R. Investigação da atividade antibacteriana de nanopartículas de hidróxido de cálcio mediadas por alfarroba contra diferentes bactérias aeróbias e anaeróbias. *Appl. Sci.* **2022**, *12*, 12624. https://doi.org/10.3390/app122412624
139. Meziani, S.; Oomah, B.D.; Zaidi, F.; Simon-Levert, A.; Bertrand, C.; Zaidi-Yahiaoui, R. Antibacterial activity of alob (*Ceratonia siliqua* L.) extracts against phytopathogenic bacteria *Pectobacterium atrosepticum*. *Microb. Pathogen.* **2015**, *78*, 95-102. https://doi.org/10.1016/j.micpath.2014.12.001
140. Elbouzidi, A.; Taibi, M.; Ouassou, H.; Ouahhoud, S.; Ou-Yahia, D.; Loukili, E.H.; Aherkou, M.; Mansouri, F.; Bencheikh, N.; Laaraj, S.; Bellaouchi, R.; Saalaoui, E.; Elfazazi, K.; Berrichi, A.; Abid, M.; Addi, M. Explorando o potencial multifacetado das folhas de alfarroba (*Ceratonia siliqua* var. Rahma) de Marrocos: Uma análise abrangente do perfil de polifenóis, atividade antimicrobiana, citotoxicidade contra linhas celulares de cancro da mama e genotoxicidade. *Pharmaceuticals*. **2023**, *16*, 840. https://doi.org/10.3390/ph16060840
141. Valero-Munoz, M.; Martin-Fernandez, B.; Ballesteros, S.; Lahera, V.; De Las Heras, N. A fibra insolúvel da vagem de alfarroba exerce efeitos anti-ateroscleróticos em coelhos através da sirtuína-1 e do coactivador-1alfa do recetor-gama ativado por proliferador de peroxissoma. *J. Nutr.* **2014**, *144*(9), 1378-1384.
142. Valero-Munoz, M.; Ballesteros, S.; Ruiz-Roso, B.; Perez-Olleros, K.; Martin-Fernandez, B.; Lahera, V.; et al. A suplementação com uma fibra insolúvel obtida da alfarroba (*Ceratonia siliqua* L.) rica em polifenóis previne a dislipidemia em coelhos através da via SIRT1/PGC-1alpha. *Eur. J. Nutr.* **2017**, *58*(1), 357-366.
143. Evans, A.J.; Hood, R.L.; Oakenfull, D.G.; Sidhy, G.S. Relationship between structure and function of dietary fiber: a comparative study of the effects of three galactomannans on cholesterol metabolism in the rat. *Br. J. Nutr.* **1992**, *68*(1), 217-229.
144. Zavoral, J.H.; Hannan, P.; Fields, D.J.; Hanson, M.N.; Frantz, I.D.; Kuba, K.; et al. The hypolipidemic effect of locust bean gum food products in familial hypercholesterolemic adults and children. *Am. J. Clin. Nutr.* **1983**, *38*(2), 285-294.
145. Gokce, C.; Bozkurt, H.; Maskan, M. A utilização de farinha de alfarroba e stevia como substitutos do açúcar no pão de ló: Otimização para reduzir o açúcar e a farinha de trigo na formulação do bolo. *Int. J. Gastronomy Food. Sci.* **2023**, *32*, 100732. https://doi.org/10.1016/j.ijgfs.2023.100732

146. Yazar, G.; Kokini, J.L.; Smith, B. Comparação das propriedades viscoelásticas de mistura e não-linera das glutelinas de gérmen de alfarroba e da glutenina de trigo. *Food Hydrocoll.* **2023**, *143*, 108922. https://doi.org/10.1016/j.foodhyd.2023.108922
147. Pelegrin-Valls, J.; Alvarez-Rodriguez, J.; Martin-Alonso, M.J.; Aquilue, B.; Serrano-Perez, B. Impacto da inclusão de polpa de alfarroba (*Ceratonia siliqua* L.) e da estação quente nos parâmetros morfológicos gastrointestinais, nas defesas imunitárias-redox e na coccidiose em borregos leves alimentados com concentrado. *Res. Vet. Sci.* **2023.** https://doi.org/10.1016/j.rvsc.2023.104969
148. Mahmoudi, S.; Mahmoudi, N.; Benamirouche, K.; Estevez, M.; Mustapha, M.A.; Bougotaia, K.; Djoudi, N.E.H.B. Effect of feeding alob (*Ceratonia siliqua* L.) pulp powder to broiler chicken on growth performance, intestinal microbiota, carcass traits, and meat quality. *Poult. Sci.* **2022**, *101*(12), 102186. https://doi.org/10.1016/j.psj.2022.102186
149. Priolo, A.; Lanza, M.; Biondi, L.; Pappalardo, P.; Young, O.A. Effect of partially replacing dietary barley with 20% carob pulp on post-weaning growth, and carcass and meat characteristics of Comisana lambs. *Meat Sci.* **1998**, *50*(3), 355-363. https://doi.org/10.1016/S0309-1740(98)00041-2
150. Abella, M.D.P. Tratamento da diarreia infantil aguda com farinha de alfarroba (Arobon). *J. Pediatr.* **1952**, *41*(4), 182-187. https://doi.org/10.1016/S0022-3476(52)80054-X
151. Tamir, M.; Nachtomi, E.; Alumot, E. Metabolitos fenólicos urinários de ratos alimentados com alfarroba (*Ceratonia siliqua*) e fracções de alfarroba. *Int. J. Biochem.* **1972**, *3*(13), 123-124. https://doi.org/10.1016/0020-711X(72)90035-3
152. Wursch, P. Influência da fibra de alfarroba rica em taninos no metabolismo do colesterol no rato. *J. Nutr.* **1979**, *109*(4), 685-692. https://doi.org/10.1093/jn/109.4.685
153. Ammar, I.; Sebii, H.; Aloui, T.; Attia, H.; Hadrich, B.; Felfoul, I. Otimização de um novo pão sem glúten' s formulação baseada em farinhas de grão-de-bico, alfarroba e arroz utilizando o design de superfície de resposta. *Heliyon.* **2022**, *8*(12), e12164. https://doi.org/10.1016/j.heliyon.2022.e12164
154. Fuente-Fernandez, M.D.L.; Gonzalez-Hedstrom, D.; Amor, S.; Tejera-Munoz, A.; Fernandez, N.; Monge, L.; Almodovar, P.; Andres-Delgado, L.; Santamaria, L.; Prodanov, M.; Inarejos-Garcia, A.M.Garcia-Villalon, A.L.; Granado, M. A suplementação com um extrato de fruto de alfarroba (*Ceratonia siliqua* L.) atenua as alterações cardiometabólicas associadas à síndrome metabólica em ratos. *Antioxidantes.* **2020**, *9*, 339. https://doi.org/10.3390/antiox9040339
155. Abolghasemi, M.; Aghajani, M.M.R.; Mojab, F.; Gorji, N.M.; Zakariayi, S.J.; Mirabi, P. Efeitos da alfarroba no nível de enzimas e elementos

antioxidantes em homens inférteis: Análise de dados secundários de um ensaio aleatório controlado. *J. Herb. Med.* **2022**, *36*, 100596. https://doi.org/10.1016/j.hermed.2022.100596

156. Chait, Y.A.; Gunenc, A.; Bendali, F.; Hosseinian, F. Digestão gastrointestinal simulada e fermentação *in vitro* de polifenóis de alfarroba no cólon: Bioacessibilidade e bioatividade. *LWT.* **2020**, *117*, 108623. https://doi.org/10.1016/j.lwt.2019.108623
157. Nemati, Z.; Dehgani, P.; Besharati, M.; Amirdahri, S. A suplementação com alfarroba (*Ceratonia siliqua* L.) na dieta melhora a espermatogénese, a qualidade do sémen e a morte embrionária através do efeito antioxidante em galos reprodutores de frangos de carne envelhecidos. *Anim. Reprod. Sci.* **2022**, *239*, 106967. https://doi.org/10.1016/j.anireprosci.2022.106967
158. Ghanemi, F.Z.; Belarbi, M.; Fluckiger, A.; Nani, A.; Dumont, A.; Rosny, C.D.; Aboura, I.; Khan, A.S.; Murtaza, B.; Benammar, C.; Lahfa, B.F.; Patoli, D.; Delmas, D.; Rebe, C.Apetoh, L.; Khan, N.A.; Ghringhelli, F.; Rialland, M.; Hichami, A. Os polifenóis das folhas de alfarroba desencadeiam a via apoptótica intrínseca e induzem a paragem do ciclo celular nas células cancerígenas do cólon. *J. Funct. Foods.* **2017**, *33*, 112-121. https://doi.org/10.1016/j.jff.2017.03.032
159. Gioxari, A.; Amerikanou, C.; Nestoridi, I.; Gourgari, E.; Pratsinis, H.; Kalogeropoulos, N.; Andrikopoulos, N.K.; Kaliora, A.C. Carob: A sustainable opportunity for metabolic health. *Foods.* **2022**, *11*, 2154. https://doi.org/10.3390/foods11142154
160. Silanikove, N.; Landau, S.; Or, D.; Kababya, D.; Bruckental, I.; Nitsan, Z. Abordagem analítica e efeitos dos taninos condensados das vagens de alfarroba (*Ceratonia siliqua*) no consumo de ração e nas respostas digestivas e metabólicas dos cabritos. *Livestock Sci.* **2006**, *99*(1), 29-38. https://doi.org/10.1016/j.livprodsci.2005.05.018

ÍNDICE

Printed by Books on Demand GmbH, Norderstedt / Germany